张宝昌 杨万扣 林娜娜 编著

机器学习与视觉感知

（第2版）

MACHINE LEARNING AND VISUAL PERCEPTION

2nd Edition

清华大学出版社

北京

内 容 简 介

本书旨在通过对机器学习主要原理和方法的介绍,并且结合作者多年来在视觉感知方面的研究成果,对于其他书籍未涉及的一些前沿研究进行补充阐述。本书面向有一定数学基础的模式识别专业的本科生和研究生,以及有志于钻研模式识别相关领域,包括机器学习和视觉感知等方向的读者,通过对于基础理论循序渐进、深入浅出的讲解,帮助读者更快速地掌握机器学习的基本方法,在此基础上每章的内容由易到难,读者可以根据自己的掌握程度以及兴趣,选择特定的方向进行更深入的学习。

图书在版编目(CIP)数据

机器学习与视觉感知/张宝昌,杨万扣,林娜娜编著. —2 版. —北京:清华大学出版社,2020.9(2024.2重印)
ISBN 978-7-302-56185-9

Ⅰ.①机… Ⅱ.①张… ②杨… ③林… Ⅲ.①机器学习—高等学校—教材 Ⅳ.①TP181

中国版本图书馆 CIP 数据核字(2020)第 143465 号

责任编辑:谢 琛 薛 阳
封面设计:常雪影
责任校对:李建庄
责任印制:刘海龙

出版发行:清华大学出版社
   网   址:https://www.tup.com.cn,https://www.wqxuetang.com
   地   址:北京清华大学学研大厦 A 座   邮 编:100084
   社 总 机:010-83470000   邮 购:010-83470235
   投稿与读者服务:010-62776969,c-service@tup.tsinghua.edu.cn
   质量反馈:010-62772015,zhiliang@tup.tsinghua.edu.cn
   课件下载:https://www.tup.com.cn,010-83470236
印 装 者:涿州市殷润文化传播有限公司
经 销:全国新华书店
开 本:185mm×260mm   印 张:8.5   字 数:196 千字
版 次:2016 年 6 月第 1 版 2020 年 9 月第 2 版   印 次:2024 年 2 月第 2 次印刷
定 价:49.00 元

产品编号:083845-01

前　言

　　模式识别诞生于 20 世纪 20 年代,随着 20 世纪 40 年代计算机的出现,20 世纪 50 年代人工智能的兴起,模式识别在 20 世纪 60 年代初迅速发展成一门学科。什么是模式和模式识别呢?广义地说,存在于时间和空间中可观察的事物,如果可以区别它们是否相同或相似,都可以称之为模式;狭义地说,模式是通过对具体的个别事物进行观测所得到的具有时间和空间分布的信息。模式所属的类别或同一类中模式的总体称为模式类(或简称为类)。而"模式识别"则是在某些一定度量或观测基础上把待识别模式划分到各自的模式类中去。经过多年的研究和发展,模式识别技术已被广泛应用于人工智能、计算机工程、机器人学、神经生物学,以及宇航科学和武器技术等许多重要领域,如语音识别、语音翻译、人脸识别、指纹识别、生物认证技术等。模式识别技术对国民经济建设和国防科技发展的重要性已得到了人们的认可和广泛重视。

　　作为模式识别不可分割的一部分,机器学习与视觉感知是当前计算机与自动化领域的技术热点,也是未来的主要研究方向之一。各行各业都会应用机器学习方法解决问题。而视觉作为最主要的信息获取方式,是目前最为重要的研究领域之一。作者结合长期的科研经验完成了这本面向大学本科及研究生的教材。本书面向有一定数学基础的模式识别专业的本科生和研究生,以及有志于钻研模式识别相关领域,包括机器学习和视觉感知等方向的读者。由于机器学习算法大多与线性代数和矩阵相关,作者认为本书读者已经掌握了基础的数学知识。本书介绍机器学习的主要原理和方法,以及最新进展。全书包括机器学习的发展史、决策树学习、PAC 模型、贝叶斯学习、支持向量机、AdaBoost、压缩感知、子空间、深度学习与神经网络调制卷积神经网络和强化学习。

　　由于机器学习与视觉感知方向书籍众多,本书在介绍其余书籍所涉及的基础知识的基础上,加入了许多前沿的算法和原理,希望读者不仅可以学习到这些基础知识,还可以根据这些知识确定自己的研究方向。基于此,作者在编书过程中做了两方面工作:一方面,该书从易于读者学习的角度逐步讲解了诸如决策树学习、贝叶斯学习、支持向量机、压缩感知以及深度学习等知识,不同于以往的书籍中理论过于烦琐、公式推导过于复杂的特点,本书重点强调实用性,书中加入了大量的例子来实现算法,使得读者可以在学习示例的基础上去学习算法和理论;另一方面,本书内容安排每一章为比较独立的一个整体,这些章节不仅包括传统的理论和方法,也融入了作者的一些算法和最近比较流行的机器学习理论,使得读者可以知道机器学习的新方向和新进展。

　　本书对最新的机器学习领域的成果进行了介绍,并对作者多年来的研究成果进行了总结。由于作者在分类器设计、人脸识别、视频理解、掌纹识别、铁路图像检测方面进行了多年的研究,本书对于相关领域的研究人员具有一定的启发作用。

　　本书由张宝昌、杨万扣、林娜娜编著。张宝昌负责对全书的内容进行了撰写和整理,杨万扣主要针对子空间学习和压缩感知部分进行了修订,而林娜娜对增强学习部分整理和全书的核对做了大量的工作。感谢杨赟、刘娟、王蕾等研究生对本书后期整理所做的大量工作。写作过程中,作者借阅了大量机器学习相关的书籍和互联网上的资料,详见参考文献,没有他们的贡献就没有本书的出版,在此表示衷心的感谢。

由于时间仓促和个人能力有限,书中难免存在疏漏,希望广大读者给予批评指正。

作 者

2020 年 7 月

目　　录

第1章 机器学习的发展史

引　言

机器学习(Machine Learning)是研究计算机怎样模拟或实现人类的学习行为,以获取新的知识或技能,重新组织已有的知识结构使之不断改善自身的性能。它是人工智能的核心,是使计算机具有智能的根本途径,其应用遍及人工智能的各个领域。它主要使用归纳、综合而不是演绎。

1.1　机　器　学　习

1.1.1　基本简介

学习能力是智能行为的一个非常重要的特征,但至今对学习的机理尚不清楚。人们曾对机器学习给出各种定义。H. A. Simon 认为,学习是系统所做的适应性变化,使得系统在下一次完成同样或类似的任务时更为有效。R. S. Michalski 认为,学习是构造或修改对于所经历事物的表示。从事专家系统研制的人们则认为学习是知识的获取。这些观点各有侧重:第一种观点强调学习的外部行为效果;第二种则强调学习的内部过程;而第三种主要是从知识工程的实用性角度出发的[①]。

机器学习(如图1-1所示)在人工智能的研究中具有十分重要的地位。一个不具有学习能力的智能系统很难称得上是一个真正的智能系统,但是以往的智能系统都普遍缺少学习的能力。例如,它们遇到错误时不能自我校正;不会通过经验改善自身的性能;不会

图 1-1　机器学习

———————————

① http://netclass.csu.edu.cn/jpkc2003/rengongzhineng/rengongzhineng/kejian/AI/Ai/chapter5/51.htm

自动获取和发现所需要的知识。它们的推理仅限于演绎而缺少归纳，因此至多只能够证明已存在事实、定理，而不能发现新的定理、定律和规则等。随着人工智能的深入发展，这些局限性表现得越加突出。正是在这种情形下，机器学习逐渐成为人工智能研究的核心之一。它的应用已遍及人工智能的各个分支，如专家系统、自动推理、自然语言理解、模式识别、计算机视觉、智能机器人等领域。其中尤其典型的是专家系统中的知识获取瓶颈问题，人们一直在努力试图采用机器学习的方法加以克服。

机器学习的研究是根据生理学、认知科学等对人类学习机理的了解，建立人类学习过程的计算模型或认识模型，发展各种学习理论和学习方法，研究通用的学习算法并进行理论上的分析，建立面向任务的具有特定应用的学习系统。这些研究目标相互影响、相互促进。自从 1980 年在卡内基·梅隆大学召开第一届机器学术研讨会以来，机器学习的研究工作发展很快，已成为中心课题之一。

1.1.2　机器学习的定义和研究意义

学习是人类具有的一种重要智能行为，但究竟什么是学习，长期以来却众说纷纭。社会学家、逻辑学家和心理学家都各有其不同的看法。至今，还没有统一的"机器学习"的定义，而且也很难给出一个公认的和准确的定义。比如，Langley（1996 年）定义的机器学习是"机器学习是一门人工智能的科学，该领域的主要研究对象是人工智能，特别是如何在经验学习中改善具体算法的性能"。（Machine learning is a science of the artificial. The field's main objects of study are artifacts, specifically algorithms that improve their performance with experience.）Mitchell（1997 年）在其著作 *Machine Learning* 中定义机器学习时提到，"机器学习是研究计算机算法，并通过经验提高其自动性"。（Machine learning is the study of computer algorithms that improve automatically through experience.）Alpaydin（2004 年）同时提出自己对机器学习的定义，"机器学习是用数据或以往的经验，以此优化计算机程序的性能标准。"（Machine learning is programming computers to optimize a performance criterion using example data or past experience.）

尽管如此，为了便于进行讨论和估计学科的进展，有必要对机器学习给出定义，即使这种定义是不完全的和不充分的。顾名思义，机器学习是研究如何使用机器来模拟人类学习活动的一门学科。稍微严格的提法是：机器学习是一门研究机器获取新知识和新技能，并识别现有知识的学问。这里所说的"机器"，指的就是计算机；现在是电子计算机，以后还可能是中子计算机、光子计算机或神经计算机等。

机器能否像人类一样具有学习能力呢？1959 年，美国的塞缪尔（Samuel）设计了一个下棋程序，这个程序具有学习能力，它可以在不断的对弈中改善自己的棋艺。4 年后，这个程序战胜了设计者本人。又过了三年，这个程序战胜了美国一个保持 8 年之久的常胜不败的冠军。这个程序向人们展示了机器学习的能力，提出了许多令人深思的社会问题与哲学问题。

机器的能力是否能超过人的能力？很多持否定意见的人的一个主要论据是：机器是

人造的,其性能和动作完全是由设计者规定的,因此无论如何其能力也不会超过设计者本人。这种意见对不具备学习能力的机器来说的确是对的,可是对具备学习能力的机器就值得考虑了,因为这种机器的能力在应用中不断地提高,过一段时间之后,设计者本人也不知它的能力到了何种水平。AlphaGo 技术的发展极大地依赖于机器学习技术,为人工智能开辟了新篇章。

1.1.3 机器学习的发展史

机器学习是人工智能研究较为年轻的分支,它的发展过程大体上可分为以下 4 个时期。

第一阶段是在 20 世纪 50 年代中叶到 20 世纪 60 年代中期,属于热烈时期。

第二阶段是在 20 世纪 60 年代中叶至 20 世纪 70 年代中期,称为机器学习的冷静时期。

第三阶段是从 20 世纪 70 年代中叶至 20 世纪 80 年代中期,称为复兴时期。

机器学习的最新阶段始于 1986 年,机器学习进入新阶段主要表现在以下几方面。

(1) 机器学习已成为新的边缘学科并在高校形成一门课程。它综合应用心理学、生物学和神经生理学以及数学、自动化和计算机科学形成机器学习理论基础。

(2) 结合各种学习方法,取长补短的多种形式的集成学习系统研究正在兴起。特别是连接学习和符号学习的耦合可以更好地解决连续性信号处理中知识与技能的获取与求精问题而受到重视。

(3) 机器学习与人工智能各种基础问题的统一性观点正在形成。例如,学习与问题求解结合进行、知识表达便于学习的观点产生了通用智能系统 SOAR 的组块学习。类比学习与问题求解结合的基于案例方法已成为经验学习的重要方向。

(4) 各种学习方法的应用范围不断扩大,一部分已形成商品。归纳学习的知识获取工具已在诊断分类型专家系统中广泛使用。连接学习在声图文识别中占据优势。分析学习已用于设计综合型专家系统。遗传算法与强化学习在工程控制中有较好的应用前景。与符号系统耦合的神经网络连接学习将在企业的智能管理与智能机器人运动规划中发挥作用。

(5) 与机器学习有关的学术活动空前活跃。国际上除每年一次的机器学习研讨会外,还有计算机学习理论会议以及遗传算法会议。

1.1.4 机器学习的主要策略

学习是一项复杂的智能活动,学习过程与推理过程是紧密相连的,按照学习中使用推理的多少,机器学习所采用的策略大体上可分为 4 种——机械学习、通过传授学习、类比学习和通过事例学习。学习中所用的推理越多,系统的能力越强。

1.1.5 机器学习系统的基本结构

机器学习系统的基本结构表示学习系统的基本结构。环境向系统的学习部分提供某些信息，学习部分利用这些信息修改知识库，以增进系统执行部分完成任务的效能，执行部分根据知识库完成任务，同时把获得的信息反馈给学习部分。在具体的应用中，环境、知识库和执行部分决定了具体的工作内容，学习部分所需要解决的问题完全由上述三部分确定。下面分别叙述这三部分对设计学习系统的影响。

影响学习系统设计的最重要的因素是环境向系统提供的信息，或者更具体地说是信息的质量。知识库里存放的是指导执行部分动作的一般原则，但环境向学习系统提供的信息却是各种各样的。如果信息的质量比较高，与一般原则的差别比较小，则学习部分比较容易处理。如果向学习系统提供的是杂乱无章的指导执行具体动作的具体信息，则学习系统需要在获得足够数据之后，删除不必要的细节，进行总结推广，形成指导动作的一般原则，放入知识库，这样学习部分的任务就比较繁重，设计起来也较为困难。

因为学习系统获得的信息往往是不完全的，所以学习系统所进行的推理并不完全是可靠的，它总结出来的规则可能正确，也可能不正确。这要通过执行效果加以检验。正确的规则能使系统的效能提高，应予保留；不正确的规则应予修改或从数据库中删除。

知识库是影响学习系统设计的第二个因素。知识的表示有多种形式，比如特征向量、一阶逻辑语句、产生式规则、语义网络和框架等。这些表示方式各有其特点，在选择表示方式时要兼顾4个方面：①表达能力强；②易于推理；③容易修改知识库；④知识表示易于扩展。

对于知识库最后需要说明的一个问题是学习系统不能在全然没有任何知识的情况下凭空获取知识，每一个学习系统都要求具有某些知识理解环境提供的信息，分析比较，做出假设，检验并修改这些假设。因此，更确切地说，学习系统是对现有知识的扩展和改进。

执行部分是整个学习系统的核心，因为执行部分的动作就是学习部分力求改进的动作。同执行部分有关的问题有三个：复杂性、反馈和透明性。

1.1.6 机器学习的分类

1. 基于学习策略的分类

学习策略是指学习过程中系统所采用的推理策略。一个学习系统总是由学习和环境两部分组成。由环境（如书本或教师）提供信息，学习部分则实现信息转换，用能够理解的形式记忆下来，并从中获取有用的信息。在学习过程中，学生（学习部分）使用的推理越少，他对教师（环境）的依赖就越大，教师的负担也就越重。学习策略的分类标准就是根据学生实现信息转换所需的推理多少和难易程度来分类的，依从简单到复杂，从少到多的次序分为以下6种基本类型。

1）机械学习（Rote learning）

学习者无需任何推理或其他的知识转换，直接吸取环境所提供的信息。如塞缪尔的跳棋程序，纽厄尔和西蒙的 LT 系统。这类学习系统主要考虑的是如何索引存储的知识并加以利用。系统的学习方法是直接通过事先编好、构造好的程序来学习，学习者不做任何工作，或者是通过直接接受既定的事实和数据进行学习，对输入信息不做任何的推理。

2）示教学习（Learning from instruction 或 Learning by being told）

学生从环境（教师或其他信息源如教科书等）获取信息，把知识转换成内部可使用的表示形式，并将新的知识和原有知识有机地结合为一体。所以要求学生有一定程度的推理能力，但环境仍要做大量的工作。教师以某种形式提出和组织知识，以使学生拥有的知识可以不断地增加。这种学习方法和人类社会的学校教学方式相似，学习的任务就是建立一个系统，使它能接受教导和建议，并有效地存储和应用学到的知识。目前，不少专家系统在建立知识库时使用这种方法去实现知识获取。示教学习的一个典型应用示例是FOO 程序。

3）演绎学习（Learning by deduction）

学生所用的推理形式为演绎推理。推理从公理出发，经过逻辑变换推导出结论。这种推理是"保真"变换和特化（Specialization）的过程，使学生在推理过程中可以获取有用的知识。这种学习方法包含宏操作（Macro-operation）学习、知识编辑和组块（Chunking）技术。演绎推理的逆过程是归纳推理。

4）类比学习（Learning by analogy）

利用两个不同领域（源域、目标域）中的知识相似性，可以通过类比，从源域的知识（包括相似的特征和其他性质）推导出目标域的相应知识，从而实现学习。类比学习系统可以使一个已有的计算机应用系统转变为适应于新的领域，来完成原先没有设计的相类似的功能。类比学习需要比上述三种学习方式更多的推理。它一般要求先从知识源（源域）中检索出可用的知识，再将其转换成新的形式，用到新的状况（目标域）中去。类比学习在人类科学技术发展史上起着重要作用，许多科学发现就是通过类比得到的。例如，著名的卢瑟福类比就是通过将原子结构（目标域）同太阳系（源域）做类比，揭示了原子结构的奥秘。

5）基于解释的学习（Explanation-Based Learning，EBL）

学生根据教师提供的目标概念、该概念的一个例子、领域理论及可操作准则，首先构造一个解释来说明为什么该例子满足目标概念，然后将解释推广为目标概念的一个满足可操作准则的充分条件。EBL 已被广泛应用于知识库求精和改善系统的性能。著名的EBL 系统有迪乔恩（G.DeJong）的 GENESIS，米切尔（T.Mitchell）的 LEXII 和 LEAP，以及明顿（S.Minton）等的 PRODIGY。

6）归纳学习（Learning from induction）

归纳学习是由教师或环境提供某概念的一些实例或反例，让学生通过归纳推理得出该概念的一般描述。这种学习的推理工作量远多于示教学习和演绎学习，因为环境并不提供一般性概念描述（如公理）。从某种程度上说，归纳学习的推理量也比类比学习大，因为没有一个类似的概念可以作为"源概念"加以取用。归纳学习是最基本的，发展也较为成熟的学习方法,在人工智能领域中已经得到广泛的研究和应用。

2. 基于所获取知识的表示形式分类

学习系统获取的知识可能有行为规则、物理对象的描述、问题求解策略、各种分类及其他用于任务实现的知识类型。

对于学习中获取的知识,主要有以下一些表示形式。

1）代数表达式参数

学习的目标是调节一个固定函数形式的代数表达式参数或系数来达到一个理想的性能。

2）决策树

用决策树来划分物体的类属,树中每一内部节点对应一个物体属性,而每一边对应于这些属性的可选值,树的叶节点则对应于物体的每个基本分类。

3）形式文法

在识别一个特定语言的学习中,通过对该语言的一系列表达式进行归纳,形成该语言的形式文法。

4）产生式规则

产生式规则表示为条件-动作对,已被极为广泛地使用。学习系统中的学习行为主要是:生成、泛化、特化(Specialization)或合成产生式规则。

5）形式逻辑表达式

形式逻辑表达式的基本成分是命题、谓词、变量、约束变量范围的语句,及嵌入的逻辑表达式。

6）图和网络

有的系统采用图匹配和图转换方案来有效地比较和索引知识。

7）框架和模式

每个框架包含一组槽,用于描述事物(概念和个体)的各个方面。

8）计算机程序和其他过程编码

获取这种形式的知识,目的在于取得一种能实现特定过程的能力,而不是为了推断该过程的内部结构。

9）神经网络

主要用在连接学习中,学习所获取的知识,最后归纳为一个神经网络。

10）多种表示形式的组合

有时一个学习系统中获取的知识需要综合应用上述几种知识表示形式。

根据表示的精细程度,可将知识表示形式分为两大类:泛化程度高的粗粒度符号表示、泛化程度低的精粒度亚符号(Sub-symbolic)表示。像决策树、形式文法、产生式规则、形式逻辑表达式、框架和模式等属于符号表示类;而代数表达式参数、图和网络、神经网络等则属于亚符号表示类。

3. 按应用领域分类

最主要的应用领域有专家系统、认知模拟、规划和问题求解、数据挖掘、网络信息服务、图像识别、故障诊断、自然语言理解、机器人和博弈等领域。

从机器学习的执行部分所反映的任务类型上看，目前大部分的应用研究领域基本上集中于以下两个范畴：分类和问题求解。

（1）分类任务要求系统依据已知的分类知识对输入的未知模式（该模式的描述）做分析，以确定输入模式的类属。相应的学习目标就是学习用于分类的准则（如分类规则）。

（2）问题求解任务要求对于给定的目标状态，寻找一个将当前状态转换为目标状态的动作序列；机器学习在这一领域的研究工作大部分集中于通过学习来获取能提高问题求解效率的知识（如搜索控制知识，启发式知识等）。

4. 综合分类

综合考虑各种学习方法出现的历史渊源、知识表示、推理策略、结果评估的相似性、研究人员交流的相对集中性以及应用领域等诸因素，将机器学习方法区分为以下 6 类。

1）经验性归纳学习

经验性归纳学习采用一些数据密集的经验方法（如版本空间法、ID3 法、定律发现法）对例子进行归纳学习。其例子和学习结果一般都采用属性、谓词、关系等符号表示。它相当于基于学习策略分类中的归纳学习，但扣除连接学习、遗传算法、加强学习的部分。

2）分析学习

分析学习方法是从一个或少数几个实例出发，运用领域知识进行分析，其主要特征如下。

（1）推理策略主要是演绎，而非归纳。

（2）使用过去的问题求解经验（实例）指导新的问题求解，或产生能更有效地运用领域知识的搜索控制规则。

分析学习的目标是改善系统的性能，而不是新的概念描述。分析学习包括应用解释学习、演绎学习、多级结构组块以及宏操作学习等技术。

3）类比学习

它相当于基于学习策略分类中的类比学习。目前，在这一类型的学习中比较引人注目的研究是通过与过去经历的具体事例做类比来学习，称为基于范例的学习，或简称范例学习。

4）遗传算法

遗传算法模拟生物繁殖的突变、交换和达尔文的自然选择（在每一生态环境中适者生存）。它把问题可能的解编码为一个向量，称为个体，向量的每一个元素称为基因，并利用目标函数（相应于自然选择标准）对群体（个体的集合）中的每一个个体进行评价，根据评价值（适应度）对个体进行选择、交换、变异等遗传操作，从而得到新的群体。遗传算法适用于非常复杂和困难的环境，比如，带有大量噪声和无关数据、事物不断更新、问题目标不能明显和精确地定义，以及通过很长的执行过程才能确定当前行为的价值等。同神经网络一样，遗传算法的研究已经发展为人工智能的一个独立分支，其代表人物为霍勒德（J. H. Holland）。

5）连接学习

典型的连接模型实现为人工神经网络，其由称为神经元的一些简单计算单元以及单元间的加权连接组成。

6）加强学习

加强学习的特点是通过与环境的试探性交互来确定和优化动作的选择，以实现所谓的序列决策任务。在这种任务中，学习机制通过选择并执行动作，导致系统状态的变化，并有可能得到某种强化信号（立即回报），从而实现与环境的交互。强化信号就是对系统行为的一种标量化的奖惩。系统学习的目标是寻找一个合适的动作选择策略，即在任一给定的状态下选择哪种动作的方法，使产生的动作序列可获得某种最优的结果（如累计立即回报最大）。

在综合分类中，经验归纳学习、遗传算法、连接学习和加强学习均属于归纳学习，其中，经验归纳学习采用符号表示方式，而遗传算法、连接学习和加强学习则采用亚符号表示方式；分析学习属于演绎学习。

实际上，类比策略可看成是归纳和演绎策略的综合。因而最基本的学习策略只有归纳和演绎。

从学习内容的角度看，采用归纳策略的学习由于是对输入进行归纳，所学习的知识显然超过原有系统知识库所能蕴含的范围，所学结果改变了系统的知识演绎闭包，因而这种类型的学习又可称为知识级学习；而采用演绎策略的学习尽管所学的知识能提高系统的效率，但仍能被原有系统的知识库所蕴涵，即所学的知识未能改变系统的演绎闭包，因而这种类型的学习又被称为符号级学习。

1.1.7　目前研究领域

目前，机器学习领域的研究工作主要围绕以下三个方面进行。

（1）面向任务的研究。研究和分析改进一组预定任务的执行性能的学习系统。

（2）认知模型。研究人类学习过程并进行计算机模拟。

（3）理论分析。从理论上探索各种可能的学习方法和独立于应用领域的算法。

机器学习是继专家系统之后人工智能应用的又一重要研究领域，也是人工智能和神经计算的核心研究课题之一。现有的计算机系统和人工智能系统没有什么学习能力，至多也只有非常有限的学习能力，因而不能满足科技和生产提出的新要求。对机器学习的讨论和机器学习研究的进展，必将促使人工智能和整个科学技术的进一步发展。

1.2 统计模式识别问题

统计模式识别问题可以看作一个更广义的问题的特例,就是基于数据的机器学习问题。基于数据的机器学习是现代智能技术中十分重要的一个方面,主要研究如何从一些观测数据(样本)出发得出目前尚不能通过原理分析得到的规律,利用这些规律去分析客观对象,对未来数据或无法观测的数据进行预测。现实世界中存在大量人们尚无法准确认识但却可以进行观测的事物,因此这种机器学习在从现代科学、技术到社会、经济等各领域中都有着十分重要的应用。当我们把要研究的规律抽象成分类关系时,这种机器学习问题就是模式识别。本章将在基于数据的机器学习这个更大的框架下讨论模式识别问题,并将其简称作机器学习。

统计是人们面对数据而又缺乏理论模型时最基本的(也是唯一的)分析手段,也是本章所介绍的各种方法的基础。传统统计学所研究的是渐进理论,即当样本数目趋向于无穷大时的极限特性,统计学中关于估计的一致性、无偏性和估计方差的界等,以及前面讨论的关于分类错误率的诸多结论,都属于这种渐近特性。但实际应用中,这种前提条件却往往得不到满足,当问题处在高维空间时尤其如此,这实际上是包括模式识别和神经网络等在内的现有机器学习理论和方法中的一个根本问题。

Vladimir N. Vapnik 等人早在 20 世纪 60 年代就开始研究有限样本情况下的机器学习问题,本章中介绍的就是在这一方向上较早期的研究成果。由于当时这些研究尚不十分完善,在解决模式识别问题中往往趋于保守,且数学上比较艰涩,而直到 20 世纪 90 年代以前并没有提出能够将其理论付诸实现的较好的方法。加之当时正处在其他学习方法飞速发展的时期,因此这些研究一直没有得到充分的重视。直到 20 世纪 90 年代中期,有限样本情况下的机器学习理论研究逐渐成熟起来,形成了一个较完善的理论体系——统计学习理论(Statistical Learning Theory,SLT)。而同时,神经网络等较新兴的机器学习方法的研究则遇到一些重要的困难,比如如何确定网络结构的问题、过学习与欠学习问题、局部极小点问题,等等。在这种情况下,试图从更本质上研究机器学习问题的统计学习理论逐步得到重视。

1992—1995 年,在统计学习理论的基础上发展出了一种新的模式识别方法——支持向量机(Support Vector Machine,SVM),在解决小样本、非线性及高维模式识别问题中表现出许多特有的优势,并能够推广应用到函数拟合等其他机器学习问题中。虽然统计学习理论和支持向量机方法中尚有很多问题需要进一步研究,但很多学者认为,它们正在成为继模式识别和神经网络研究之后机器学习领域新的研究热点,并将推动机器学习理论和技术有重大的发展。

1.2.1 机器学习问题的表示

机器学习问题的基本模型,可以用图 1-2 表示。其中,系统 S 是要研究的对象,它在

给定一定输入 x 下得到一定的输出 y，LM 是所求的学习机，输出为 $\hat{y}$。 机器学习的目的根据给定的已知训练样本求取对系统输入输出之间依赖关系的估计，使它能够对未知输出做出尽可能准确的预测。

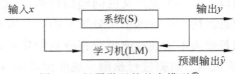

图 1-2　机器学习的基本模型[1]

机器学习问题可以形式化地表示为：已知变量 y 与输入 x 之间存在一定的未知依赖关系，即存在一个未知的联合概率 $F(x,y)$（x 和 y 之间的确定性关系可以看作一个特例），机器学习就是根据 n 个独立同分布观测样本

$$(x_1,y_1),(x_2,y_2),\cdots,(x_n,y_n) \tag{1-1}$$

在一组函数 $\{f(x,w)\}$ 中求一个最优的函数 $f(x,w_\Omega)$，使预测的期望风险

$$R(w)=\int L(y,f(x,w))\mathrm{d}F(x,y) \tag{1-2}$$

最小。其中，$\{f(x,w)\}$ 称作预测函数集，$\omega\in\Omega$ 为函数的广义参数，故 $\{f(x,w)\}$ 可以表示任何函数集；$L(y,f(x,w))$ 为由于用 $f(x,w)$ 对 y 进行预测而造成的损失。不同类型的学习问题有不同形式的损失函数。预测函数通常也称作学习函数、学习模型或学习机器。

有三类基本的机器学习问题，它们是模式识别、函数逼近和概率密度估计。

对于模式识别问题（这里仅讨论监督模式识别问题），系统输出就是类别标号。在两类情况下，$y=\{0,1\}$ 或 $\{-1,1\}$ 是二值函数，这时预测函数称作指示函数，也就是本书后面提到的判别函数。模式识别问题中损失函数的基本定义可以是

$$L(y,f(x,w))=\begin{cases}0 & y=f(x,w)\\1 & y\neq f(x,w)\end{cases} \tag{1-3}$$

在这个损失函数定义下使期望风险就是平均错误率最小的模式识别方法，即为贝叶斯决策。当然也可以根据需要定义其他的损失函数，得到其他决策方法。

类似地，在函数拟合问题中，y 是连续变量（这里假设为单值函数），它是 x 的函数，这时损失函数可以定义为

$$L(y,f(x,w))=(y-f(x,w))^2 \tag{1-4}$$

实际上，只要把函数的输出通过一个域值转换为二值函数，函数拟合问题就变成模式识别问题了。

对概率密度估计问题，学习的目的是根据训练样本确定 x 的概率分布。记估计的密度函数为 $p(x,w)$，则损失函数可以定义为

$$L(p(x,w))=-\log p(x,w) \tag{1-5}$$

① 边肇祺. 模式识别[M]. 北京：清华大学出版社，2012.

1.2.2　经验风险最小化

显然,要使式(1-2)定义的期望风险最小化,必须依赖关于联合概率 $F(x,y)$ 的信息,在模式识别问题中就是必须已知类先验概率和类条件概率密度。但是,在实际的机器学习问题中,只能利用已知样本式(1-1)的信息,因此期望风险并无法直接计算和最小化。

根据概率论中大数定理的思想,人们自然想到用算术平均代替式(1-2)中的数学期望,于是定义了

$$R_{emp}(w) = \frac{1}{n}\sum_{i=1}^{n}L(y_i,f(x_i,w)) \tag{1-6}$$

来逼近式(1-2)定义的期望风险。由于 $R_{emp}(w)$ 是用已知的训练样本(即经验数据)定义的,因此称作经验风险。用对参数 w 求经验风险 $R_{emp}(w)$ 的最小值代替求期望风险 $R(w)$ 的最小值,就是所谓的经验风险最小化(Empirical Risk Minimization,ERM)原则。回顾前面介绍的各种基于数据的分类器设计方法,它们实际上都是在经验风险最小化原则下提出的。

在函数拟合问题中,将式(1-4)定义的损失函数代入到式(1-6)中并是经验风险最小化,就得到了传统的最小二乘拟合方法;而在概率密度估计中,采用式(1-5)的损失函数的经验风险最小化方法就是最大似然方法。

仔细研究经验风险最小化原则和机器学习问题中的期望风险最小化要求,可以发现,从期望风险最小化到经验风险最小化并没有可靠的理论依据,只是直观上合理的想当然做法。

首先, $R_{emp}(w)$ 和 $R(w)$ 都是 w 的函数,概率论中的大数定理只说明了(在一定条件下)当样本趋于无穷多时 $R_{emp}(w)$ 将在概率意义上趋近于 $R(w)$,并没有保证使 $R_{emp}(w)$ 最小的 w^* 与使 $R(w)$ 最小的 w'^* 是同一个点,更不能保证 $R_{emp}(w^*)$ 能够趋近于 $R(w'^*)$ 。

其次,即使有办法使这些条件在样本数无穷大时得到保证,也无法认定在这些前提下得到的经验风险最小化方法在样本数有限时仍能得到好的结果。

尽管有这些未知的问题,经验风险最小化作为解决模式识别等机器学习问题基本的思想仍统治了这一领域的几乎所有研究,人们多年来一直将大部分注意力集中到如何更好地求取最小经验风险上。与此相反,统计学习理论则对用经验风险最小化原则解决期望风险最小化问题的前提是什么,当这些前提不成立时经验风险最小化方法的性能如何,以及是否可以找到更合理的原则等基本问题进行了深入的研究。

1.2.3　复杂性与推广能力

在早期神经网络研究中,人们总是把注意力集中在如何使 $R_{emp}(w)$ 更小,但很快便发现,一味追求训练误差小并不是总能达到好的预测效果。人们将学习机器对未来输出

进行正确预测的能力称作推广性。某些情况下，当训练误差过小时反而会导致推广能力的下降，这就是几乎所有神经网络研究者都曾遇到的所谓的过学习（Overfitting）问题。从理论上看，模式识别中也存在同样的问题，但因为通常使用的分类器模型都是相对比较简单（比如线性分类器），因此过学习问题并不像神经网络中那样突出。

之所以出现过学习现象，一是因为学习样本不充分，二是学习机器设计不合理，这两个问题是互相关联的。只要设想一个很简单的例子，假设有一组训练样本 (x,y)，x 分布在实数范围内，而 y 取值在 $[0,1]$，那么不论这些样本是依据什么函数模型产生的，只要用一个函数 $f(x,a)=\sin(ax)$ 去拟合这些样点，其中，a 是待定参数，总能够找到一个 a 使训练误差为零，但显然得到的这个"最优函数"不能正确代表原来的函数模型。出现这种现象的原因，就是试图用一个复杂的模型去拟合有限的样本，结果导致丧失了推广能力，在神经网络中，如果对于有限的训练样本来说网络的学习能力过强，足以记住每一个训练样本，此时经验风险很快就可以收敛到很小甚至零，但我们却根本无法保证它对未来新的样本能够得到好的预测。这就是有限样本下学习机器的复杂性与推广性之间的矛盾。

在很多情况下，即使已知问题中的样本来自某个比较复杂的模型，但由于训练样本有限，用复杂的预测函数对样本进行学习的效果通常也不如用相对简单的预测函数去学习，当有噪声存在时就更是如此。例如，在有噪声条件下用二次模型 $y=x^2$ 产生 10 个样本，分别用一个一次函数和一个二次函数根据经验风险最小化的原则去拟合。虽然真实模型是二次多项式，但由于样本数目有限，且受到噪声的影响，用一次多项式预测的结果更接近真实模型。同样的实验进行了 100 次，71% 的实验结果是一次拟合好于二次拟合。同样的现象在模式识别问题中也很容易看到。

从这些讨论可以得出以下基本结论：在有限样本情况下，经验风险最小并不一定意味着期望风险最小；学习机器的复杂性不但与所研究的系统有关，而且要和有限的学习样本相适应。

在有限样本情况下，学习精度和推广性之间的矛盾似乎是不可调和的，采用复杂的学习机器容易使学习误差更小，但却往往丧失推广性。因此，人们研究了很多弥补办法，比如在训练误差中对学习函数的复杂性进行惩罚；或者通过交叉验证等方法进行模型选择以控制复杂度等，使一些原有方法得到了改进。但是，这些方法多带有经验性质，缺乏完善的理论基础。在神经网络研究中对具体问题可以通过合理设计网络结构和学习算法达到学习精度和推广性的兼顾，但却没有任何理论指导我们如何做。而在模式识别中，人们更趋向于采用线性或分段线性等较简单的分类器模型。

1.3 统计学习理论的核心内容

统计学习理论被认为是目前针对小样本统计估计和预测学习的最佳理论。它从理论上较系统地研究了经验风险最小化原则成立的条件、有限样本下经验风险与期望风险的关系及如何利用这些理论找到新的学习原则和方法等问题，其主要内容包括以下 4 个方面。

(1) 经验风险最小化原则下统计学习一致性的条件;

(2) 在这些条件下关于统计学习方法推广性的界的结论;

(3) 在这些界的基础上建立的小样本归纳推理原则;

(4) 实现这些新的原则的实际方法(算法)。

1.3.1 学习过程一致性的条件

关于学习一致性的结论是统计学习理论的基础,也是它与传统渐进统计学的基本联系所在。所谓学习过程的一致性,就是指当训练样本数目趋于无穷大时,经验风险的最优值能够收敛到真实风险的最优值。只有满足一致性条件,才能保证在经验风险最小化原则下得到的最优方法当样本无穷大时趋近于使期望风险最小的最优结果。

1.3.2 推广性的界

通过前面的讨论,我们得出了关于学习机器一致收敛和收敛速度的一系列条件。它们在理论上有重要的意义,但在实践中一般无法直接应用。这里将讨论统计学习理论中关于经验风险和实际风险之间的关系的重要结论,称作推广性的界,它们是分析学习机器性能和发展新的学习算法的重要基础。

因为函数集具有有限 VC 维是学习过程一致收敛的充分必要条件,因此除非特别注明,这里只讨论 VC 维有限的函数。

根据统计学习理论中关于函数集的推广性的界的结论,对于指示函数集 $f(x,w)$,如果损失函数 $Q(x,w)=L(y,f(x,w))$ 的取值为 0 或 1,经验风险 $R_{emp}(w)=\sum_x Q(x,w)$ 则有如下定理。

定理 1.1 对于前面定义的两类分类问题,对指示函数集中的所有函数(当然也包括使经验风险最小的函数),经验风险和实际风险之间至少以概率 $1-\eta$ 满足如下关系:

$$R(w) \leqslant R_{emp}(w)\frac{1}{n}+\frac{1}{2}\sqrt{\varepsilon} \tag{1-7}$$

其中,$R(w)$ 实际风险,$R_{emp}(w)$ 经验风险,n 为样本数。当函数集中包含无穷多个元素(即参数 w 有无穷多个取值可能)时,

$$\varepsilon=\varepsilon\left(\frac{n}{h},\frac{-\ln\eta}{n}\right)=a_1\frac{h\left(\ln\frac{a_2 n}{h}+1\right)-\ln(\eta/4)}{n} \tag{1-8}$$

而当函数集中包含有限个(N 个)元素时,

$$\varepsilon=2\frac{\ln N-\ln\eta}{n} \tag{1-9}$$

其中,h 为函数集的 VC 维。通常,分类器都是有无穷多种可能的,因此使用式(1-8),其

中的 a_1 和 a_2 是两个常数，满足 $0 < a_1 \leqslant 4, 0 < a_2 \leqslant 2$。在最坏的分布情况下，有 $a_1 = 4$，$a_2 = 2$。此时这个关系可以进一步简化为：

$$R(w) \leqslant R_{\mathrm{emp}}(w) + \sqrt{\left(\frac{h(\ln(2n/h) + 1) - \ln(\eta/4)}{n}\right)} \tag{1-10}$$

如果损失函数 $Q(x, w)$（用于计算 $R_{\mathrm{emp}}(w)$）为一般的有界非负实函数，即 $0 \leqslant Q(x, w) \leqslant B$，则有如下的结论。

定理 1.2 对于函数集中的所有函数（包括使经验风险最小化的函数），下列关系至少以概率 $1 - \eta$ 成立：

$$R(w) \leqslant R_{\mathrm{emp}}(w) + \frac{B\varepsilon}{2}\left(1 + \sqrt{1 + \frac{4R_{\mathrm{emp}}(w)}{B\varepsilon}}\right) \tag{1-11}$$

其中的 ε 仍然由式(1-9)定义。

对于损失函数为无界函数的情况，也有相应的结论，这里不做介绍。

定理 1.1 和定理 1.2 告诉我们，经验风险最小化原则下学习机器的实际风险是由两部分组成的，可以写作

$$R(w) \leqslant R_{\mathrm{emp}}(w) + \varphi \tag{1-12}$$

其中第一部分为训练样本的经验风险，另一部分称作置信范围，也有人把它叫作 VC 信任。

研究式(1-10)和式(1-11)可以发现，置信范围不但受置信水平 $1 - \eta$ 的影响，而且更是函数集的 VC 维和训练样本数目的函数，且随着它的增加而单调减小。为了强调这一特点，把式(1-12)重写为

$$R(w) \leqslant R_{\mathrm{emp}}(w) + \varphi\left(\frac{n}{h}\right) \tag{1-13}$$

由于定理 1.1 和定理 1.2 所给出的是关于经验风险和真实风险之间差距的上界，它们反映了根据经验风险最小化原则得到的学习机器的推广能力，因此称作推广性的界。

通过进一步的分析可以发现，当 n/h 较小时（比如小于 20，此时我们说样本数较少），置信范围 φ 较大，用经验风险近似真实风险就有较大的误差，用经验风险最小化取得的最优解可能具有较差的推广性；如果样本数较多，n/h 较大，则置信范围就会很小，经验风险最小化的最优解就接近实际的最优解。

另一方面，对于一个特定的问题，其样本数 n 是固定的，此时学习机器（分类器）的 VC 维越高（即复杂性越高），则置信范围就越大，导致真实风险与经验风险之间可能的差就越大。因此，在设计分类器时，不但要使经验风险最小化，还要使 VC 维尽量小，从而缩小置信范围，使期望风险最小。这就是为什么在一般情况下选用过于复杂的分类器或神经网络往往得不到好的效果的原因。

用 sin 函数拟合任意点的例子，就是因为 sin 函数的 VC 维为无穷大，因此虽然经验风险达到了 0，但实际风险却很大，不具有任何推广能力。同样，在图 1-3 的例子中，虽然已知样本是由二次函数产生的，但因为训练样本少，用较小 VC 维的函数去拟合（使 h/n 较小）才能取得更好的效果。类似地，神经网络等方法之所以会出现过学习现象，就是因

为在有限样本的情况下,如果网络或算法设计不合理,就会导致虽然经验风险较小,但置信范围会很大,导致推广能力下降。

需要指出的是,如学习理论关键定理一样,推广性的界也是对于最坏情况的结论,所给出的界在很多情况下是很松的,尤其当 VC 维比较高时更是如此。有研究表明,当 $h/n >$ 0.37 时这个界肯定是松弛的,而且 VC 维无穷大时这个界就不再成立。而且,这种界往往只在对同一类学习函数进行比较时是有效的,可以指导我们从函数集中选择最优的函数,但在不同函数集之间比较却不一定成立。实际上,寻找反映学习机器的能力的更好的参数从而得到更好的界是今后学习理论的重要研究方向之一。

这里需要特别讨论的是 k 近邻算法。因为其算法决定了对于任何训练集,总能够找到一个算法对其中任何样本都分类正确(比如最简单的情况是采用 1 近邻)。因此 k 近邻分类器的 VC 维是无穷大。但为什么这种算法通常能够得到比较好的结果呢?是不是与这里得出的结论矛盾呢?其实并不是这样,而是因为 k 近邻算法本身并没有采用经验风险最小化原则,这里讨论的结论对它不适用。

1.3.3　结构风险最小化

从前面的讨论可以看到,传统机器学习方法中普遍采用的经验风险最小化原则在样本数目有限时是不合理的,因为需要同时最小化经验风险和置信范围。事实上,在传统方法中,选择学习模型和算法的过程就是优化置信范围的过程,如果选择的模型比较适合现有的训练样本(相当于 h/n 值适当),则可以取得比较好的效果。比如在神经网络中,需要根据问题和样本的具体情况来选择不同的网络结构(对应不同的 VC 维),然后进行经验风险最小化。在模式识别中,选定了一种分类器形式(比如线性分类器),就确定了学习机器的 VC 维。实际上,这种做法是在式(1-13)中首先通过选择模型来确定 Φ,然后固定 Φ,通过经验风险最小化求最小风险。因为缺乏对 Φ 的认识,这种选择往往是依赖先验知识和经验进行的,造成了神经网络等方法对使用者"技巧"的过分依赖。对于模式识别问题,虽然很多问题并不是线性的,但当样本数有限时,用线性分类器往往能得到不错的结果,其原因就是线性分类器的 VC 维比较低,有利于在样本较少的情况下得到小的置信范围。

有了式(1-13)的理论依据,就可以用另一种策略来解决这个问题,就是,首先把函数集 $S = \{(f(x, w), w \in \Omega\}$ 分解为一个函数子集序列(或叫子集结构):

$$S_1 \subset S_2 \subset \cdots \subset S_k \subset \cdots \subset S \tag{1-14}$$

使各个子集能够按照 Φ 的大小排列,也就是按照 VC 维的大小排列,即

$$h_1 \leqslant h_2 \leqslant \cdots \leqslant h_k \leqslant \cdots \tag{1-15}$$

这样在同一个子集中置信范围就相同;在每一个子集中寻找最小经验风险,通常它随着子集复杂度的增加而减小。选择最小经验风险与置信范围之和最小的子集,就可以达到期望风险的最小,这个子集中使经验风险最小的函数就是要求的最优函数。这种思想称作有序风险最小化或者结构风险最小化(Structural Risk Minimization),简称 SRM 原

则,如图 1-3 所示。

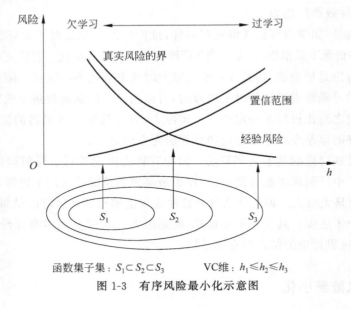

函数集子集: $S_1 \subset S_2 \subset S_3$ VC维: $h_1 \leqslant h_2 \leqslant h_3$

图 1-3   有序风险最小化示意图

一个合理的函数子集结构所应满足的两个基本条件:一是每个子集的 VC 维是有限的且满足式(1-15)的关系;二是每个子集中的函数对应的损失函数或者是有界的非负函数,或者对一定的参数对 (p, τ_k) 满足如下关系:

$$\sup_{w \in \Omega} \frac{\left[\int Q^p(z, w) \mathrm{d}F(z)\right]^{\frac{1}{p}}}{\int Q(z, w) \mathrm{d}F(z)} \leqslant \tau_k, \quad p > 2 \tag{1-16}$$

在结构风险最小化原则下,一个分类器的设计过程包括以下两方面任务。

(1) 选择一个适当的函数子集(使之对问题来说有最优的分类能力);

(2) 从这个子集中选择一个判别函数(使经验风险最小)。

第一步相当于模型选择,而第二步则相当于在确定了函数形式后的参数估计。与传统方法不同的是,在这里,模型的选择是通过对它的推广性的界的估计进行的。

结构风险最小化原则为我们提供了一种不同于经验风险最小化的更科学的学习机器设计原则,但是,由于其最终目的在式(1-13)的两个求和项之间进行折中,因此实际上实施这一原则并不容易。如果能够找到一种子集划分方法,使得不必逐一计算就可以知道每个子集中所可能取得的最小经验风险(比如使所有子集都能把训练样本集完全正确分类,即最小经验风险都为 0),则上面的两步任务就可以分开进行,即先选择使置信范围最小的子集,然后在其中选择最优函数。

可见这里的关键是如何构造函数子集结构。遗憾的是,目前尚没有关于如何构造预测函数子集结构的一般性理论。支持向量机是一种比较好地实现了有序风险最小化思想的方法,其他构造函数子集的例子读者可以参考有关文献。

小　结

本章的内容比较多,作为全书的一个导读,先对机器学习的基本情况进行了介绍,包括机器学习的定义和研究意义、机器学习的发展史、机器学习的主要策略、机器学习系统的基本结构、机器学习的分类和机器学习目前的研究领域。

然后,介绍了统计模式识别问题的基本理论,分别为机器学习问题的表示、经验风险最小化和复杂性与推广能力,为本书后面进一步介绍这些理论打下基础。

接下来,介绍了统计学习理论的核心内容,包括学习过程一致性的条件、推广性的界以及结构风险最小化。

仅看本章,可得到一些启发性的东西,具体的机器学习方法和统计学习理论见后续的章节。

第 2 章　PAC 模型

引　言

PAC(Probably Approximate Correct)模型是由 Valiant 于 1984 年首先提出来的,是由统计模式识别、决策理论提出了一些简单的概念并结合了计算复杂理论的方法而提出的学习模型。它是研究学习及泛化问题的一个概率框架,不仅可用于神经网络分类问题,而且可广泛用于人工智能中的学习问题。PAC 模型的作用相当于提供了一套严格的形式化语言来陈述、刻画所提及的学习能力以及样本复杂性的问题。在 PAC 框架下,学习者接收样本并且必须从某一特定类可能的函数中选择一个泛化函数(称为假设)。我们的目标是,以很高的概率选择出具有低泛化误差(Approximately Correct)的函数。给出样本的任意逼近比、成功概率或分布时,学习者必须能够学习出该概念。PAC 框架的一项重要创新是机器学习计算复杂性理论概念引入,学习者预期找到更有效的函数,学习者本身必须实现一个高效的算法。

本章将主要介绍基本 PAC 模型,并进一步讨论在有限空间和无限空间下样本复杂度问题。本文中的讨论将限制在学习布尔值概念,且训练数据是无噪声的(许多结论可扩展到更一般的情形)。

2.1　基本的 PAC 模型

2.1.1　PAC 简介

PAC 主要研究的内容包括:一个问题什么时候是可被学习的,样本复杂度,计算复杂度以及针对具体可学习问题的学习算法。虽然也可以扩展用于描述回归以及多分类等问题,不过最初的 PAC 模型是针对二分类问题提出来的,和以前的设定类似,我们有一个输入空间 X,也称作实例空间。X 上的一个概念 c 是 X 的一个子集,或者简单来说,c 是从 X 到 $\{0,1\}$ 的函数,显然,c 可以用所有函数值等于 1 的那些点 $c^{-1}(1)$ 来刻画,那些点构成 X 的一个子集,并且"子集"和"函数"在这里是一一对应的。这里也采用这种模型,先介绍一下这种情况下的一些特有的概念。

2.1.2　基本概念

实例空间指学习器能见到的所有实例,用 x_n 指示每个大小为 n 的学习问题的实例集,每个 $x \in X$ 为一个实例,$X = U_n \geqslant 1, X_n$ 为实例空间。概念空间指目标概念可以从中选取的所有概念的集合,学习器的目标就是要产生目标概念的一个假设 h,使其能准确地分类每个实例,对每个 $n \geqslant 1$,定义每个 $C_n \subseteq 2^{x_n}$ 为 X_n 上的一系列概念,$C = U_n \geqslant 1, C_n$ 为 X 上的概念空间,也称为概念类。假设空间指算法所能输出的所有假设 h 的集合,用 H 表示。对每个目标概念 $c \in C_n$ 和实例 $x \in X_n$,$c(x)$ 为实例 x 上的分类值,即 $c(x) = 1$ 当且仅当 $x \in C$。C_n 的任一假设 h 指的是一规则,即对给出的 $x \in X_n$,算法在多项式时间内为 $c(x)$ 输出一个预测值。变形空间指能正确分类训练样例 D 的所有假设的集合,$\text{VS} = \{h \in H \mid \forall < x, c(X) > \in D(h(X) = c(X))\}$。变形空间的重要意义是每个一致学习器都输出一个属于变形空间的假设。样本复杂度指学习器收敛到成功假设时至少所需的训练样本数。计算复杂度指学习器收敛到成功假设时所需的计算量。出错界限指在成功收敛到一个假设前,学习器对训练样本的错误分类的次数。在某一特定的假设空间中,对于给定的样本,若能找到一个假设 h,使得对该概念类的任何概念都一致,且该算法的样本复杂度仍为多项式,则该算法为一致算法。

2.1.3　问题框架

实例空间为 $X = \{0, 1\}^n$,概念空间和假设空间均为 $\{0, 1\}^n$ 的子集,对任意给定的准确度 $\varepsilon (0 < \varepsilon < 1/2)$ 及任意给定的置信度 $\delta (0 < \delta < 1)$,实例空间上的所有分布 D 及目标空间中的所有目标函数 t,若学习器 L 只需多项式 $P(n, 1/\varepsilon, 1/\delta)$ 个样本及在多项式 $P(n, 1/\varepsilon, 1/\delta)$ 时间内,最终将以至少 $(1 - \delta)$ 的概率输出一个假设 $h \in H$,使得随机样本被错分类的概率 $\text{error}_D(h, t) = p_r [\{x \in X : h(x) \neq t(x)\}] \leqslant \varepsilon$,则称学习器 L 是 PAC 可学习的,它是考虑样本复杂度及计算复杂度的一个基本框架,成功的学习被定义为形式化的概率理论。

假设 h 是另一个 X 上的二进制函数,我们试图用 h 去逼近 c,选择 X 上的一个概率分布 μ,则根据关于误差(风险)的定义,有 $\varepsilon(h) = \mu(h(X) \neq c(X))$,而这个量可以很容易并且很直观地用集合的对称差来表示:$\varepsilon(h) = \mu(h \Delta c)$。如图 2-1 所示,误差很直观地用两个集合的对称差(阴影部分)的面积来表示。

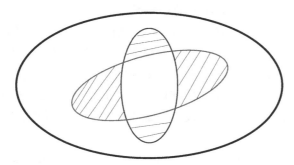

图 2-1　误差风险示意图

X 上的一个概念类 C 就是一堆这样的概念的集合。这里的 C 也就对应之前的设定中的函数空间：F。 类似地，学习问题实际上就是给定一个目标概念 $c \in C$，寻找一个逼近 $h \in C$ 的问题。PAC 模型是与分布无关的，因对学习器来说，实例上的分布是未知的。该定义不要求学习器输出零错误率的假设，而只要求其错误率被限定在某常数 ε 的范围内（ε 可以任意小）；同时也不要求学习器对所有的随机抽取样本序列都能成功，只要其失败的概率被限定在某个常数 δ 的范围内（δ 也可取任意小）即可，这样将学习到一个可能近似正确的假设。

2.2 PAC 模型样本复杂度分析

2.2.1 有限空间样本复杂度

2.1 节的定义要求学习算法的运行时间在多项式时间内，且能用合理的样本数产生对目标概念的较好逼近。该模型是最坏情况模型，因它要求在实例空间上对所有的目标概念及所有的分布 D、它所需的样本数都以某一多项式为界。

PAC 可学习性很大程度上由所需的训练样例数确定。当假设空间增大时，找到一个一致的假设将更容易，但需更多的样本来保证该假设有较高的概率是准确的。因此在计算复杂度和样本复杂度之间存在一个折中。下面将以布尔文字的合取是 PAC 学习的为例，来说明如何分析一概念类是 PAC 学习的，并得到一致算法的样本复杂度的下界。

设学习器 L，其假设空间与概念空间相同，即 $H = C$，因假设空间为 n 个布尔文字的合取，而每个文字有三种可能：该变量作为文字包含在假设中；该变量的否定作为文字包含在假设中或假设中不包含该变量，所以假设空间的大小为 $|H| = 3^n$。可设计如下算法。

（1）初始化假设 h 为 $2n$ 个文字的合取，即 $h = x_1 \bar{x}_1 x_2 \bar{x}_2 \cdots x_n \bar{x}_n$。

（2）由样本发生器产生 $m = 1/2 (n\ln 3 + \ln 1/\delta)$ 个样本，对每个正例，若 $x_i = 0$，则从 h 中删去 x_i；若 $x_i = 1$，则从 h 中删去 $\bar{x}_1$。

（3）输出保留下来的假设 h。

为分析该算法，需考虑三点：需要的样本数是否为多项式的？算法运行的时间是否为多项式的即这两者是否均为 $p(n, 1/\varepsilon, 1/\delta)$？ 输出的假设是否满足 PAC 模型的标准，即 $P_r[\text{error}_D(h) \leqslant \varepsilon] \geqslant (1-\delta)$？ 针对本算法，由于样本数已知，显然是多项式的；因运行每个样本的时间为一常量，而样本数又是多项式的，则算法的运行时间也是多项式的；因此只需看它是否满足 PAC 模型的标准即可。若假设 h' 满足 $\text{error}_D(h') > \varepsilon$，则称是 ε-bad 假设，否则称为 ε-exhausted 假设。若最终输出的假设不是 ε-bad 假设，则该假设必满足 PAC 模型的标准。

根据 ε-bad 假设的定义有：$P_r[\varepsilon\text{-bad 假设与一个样本一致}] \leqslant (1-\varepsilon)$，因每个样本独立抽取，则 $P_r[\varepsilon\text{-bad 假设与 } m \text{ 个样本一致}] \leqslant (1-\varepsilon)^m$。 又因最大的假设数为 $|H|$，则 $P_r[\text{存在 } \varepsilon\text{-bad 假设与 } m \text{ 个样本一致}] \leqslant |H|(1-\varepsilon)^m$。 又因要 $P_r[h \text{ 是 } \varepsilon\text{-bad 假设}] \leqslant \delta$，所以有：

$$| H | (1-\varepsilon)^m \leqslant \delta$$

解之得：

$$m \geqslant \frac{\ln | H | + \ln 1/\delta}{-\ln (1-\varepsilon)} \tag{2-1}$$

根据泰勒展开式：$e^x = 1 + x + \dfrac{x^2}{2} + \cdots > 1 + x$，用 $x = -\varepsilon$ 代入泰勒展开式中，得 $\varepsilon < -\ln (1-\varepsilon)$。将其代入式(2-1)中得：

$$m > \frac{1}{\varepsilon} \left(\ln | H | + \ln \frac{1}{\delta} \right) \tag{2-2}$$

该式提供了训练样例数目的一般理论边界，该数目的样例足以在所期望的值 δ 和 ε 程度下，使任何一致学习器成功地学习到 H 中的任意目标概念。其物理含义表示：训练样例数目 m 足以保证任意一致假设是可能(可能性为 $1 - \delta$)近似(错误率为 ε)正确的，m 随着 $1/\varepsilon$ 线性增长，随着 $1/\delta$ 和假设空间的规模对数增长。

针对本例有 $| H | = 3^n$，将它代入式(2-2)中得到当样本数 $m > \dfrac{1}{\varepsilon} \left(n \ln 3 + \ln \dfrac{1}{\delta} \right)$ 时，有 $P_r [\mathrm{error}_D (h) > \varepsilon] \leqslant \delta$ 成立。同时也证明了布尔文字的合取是 PAC 学习的，但也存在不是 PAC 学习的概念类，如 k-term-CNF 或 k-term-DNF。由于式(2-2)以 $| H |$ 来刻画样本复杂度，它存在以下不足：可能导致非常弱的边界；对于无限假设空间的情形，式(2-2)根本无法使用。因此有必要引入另一度量标准——VC 维。

2.2.2　无限空间样本复杂度

使用 VC 维代替 $|H|$ 也可以得到样本复杂度的边界，基于 VC 维的样本复杂度比 $|H|$ 更紧凑，另外还可以刻画无限假设空间的样本复杂度。

VC 维(Vapnik-Chervonenkis Dimension)的概念是为了研究学习过程一致收敛的速度和推广性，由统计学习理论定义的有关函数集学习性能的一个重要指标。传统的定义是：对一个指标函数集，如果存在 H 个样本能够被函数集中的函数按所有可能的 2 的 K 次方种形式分开，则称函数集能够把 H 个样本打散；函数集的 VC 维就是它能打散的最大样本数目 H。若对任意数目的样本都有函数能将它们打散，则函数集的 VC 维是无穷大，有界实函数的 VC 维可以通过用一定的阈值将它转化成指示函数来定义。

VC 维反映了函数集的学习能力，VC 维越大则学习机器越复杂(容量越大)，所以 VC 维又是学习机器复杂程度的一种衡量。换一个角度来理解，如果用函数类 $\{ f(z, a) \}$ 代表一个学习机，a 确定后就确定了一个判别函数 EF，而 VC 维为该学习机能学习的可以由其分类函数正确给出的所有可能二值标识的最大训练样本数。遗憾的是，目前尚没有通用的关于任意函数集 VC 维计算的理论，只对一些特殊的函数集知道其 VC 维。例如，在 N 维空间中线性分类器和线性实函数的 VC 维是 $n+1$。下面举一个简单的实例来进一步理解 VC 维。

实例集合 X 为二维实平面上的点 (x, y)，假设空间 H 为所有线性决策线。

由图 2-2 可以看出：除了三个点在同一直线上的特殊情况，x 中三个点构成的子集的任意划分均可被线性决策线打散，而对于 x 中 4 个点构成的子集，无法被 H 中的任一 h 打散，所以，$\mathrm{VC}(H)=3$。

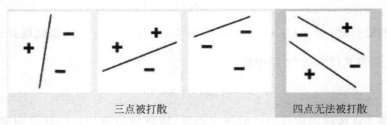

三点被打散　　　　　　　　四点无法被打散

图 2-2　线性分类器 VC 维示意图

VC 维衡量假设空间复杂度的方法不是用不同假设的数量 $|H|$，而是用 X 中能被 H 彻底区分的不同实例的数量，称为打散，可以简单理解为分类。H 的这种打散实例集合的能力是其表示这些实例上定义的目标概念的能力的度量，如果 X 的任意有限大的子集可被 H 打散，则 $\mathrm{VC}(H)=\infty$，对于任意有限的 H，$\mathrm{VC}(H)\leqslant\log_2|H|$。使用 VC 维作为 H 复杂度的度量，就有可能推导出该问题的另一种解答，类似于式(2-2)的边界，即

$$m \geqslant \frac{1}{\varepsilon}\left(4\log_2\frac{2}{\delta} + 8\mathrm{VC}(H)\log_2\frac{13}{\varepsilon}\right) \tag{2-3}$$

由式(2-3)可以看到：要成功进行 PAC 学习，所需要的训练样本数正比于 $1-\delta$ 的对数，正比于 $\mathrm{VC}(H)$，正比于 $1/\varepsilon$ 的对数。

小　结

PAC 学习是计算学习理论的基础，通过对 PAC 学习模型的分析，可帮助人们理解 VC 维的概念及训练数据对学习的有效性。当学习算法允许查询时是很有用的，并能提高其学习能力。此外，在实际的机器学习中，PAC 模型也存在不足之处：模型中强调最坏情况，它用最坏情况模型来测量学习算法的计算复杂度及对概念空间中的每个目标概念和实例空间上的每个分布，用最坏情况下所需要的随机样本数作为其样本复杂度的定义，使得它在实际中不可用；定义中的目标概念和无噪声的训练数据在实际中是不现实的。

第 3 章   决策树学习

引   言

决策树(Decision Tree)是一种描述概念空间的有效归纳推理办法。每个决策或事件(即自然状态)都可能引出两个或多个事件,导致不同的结果,把这种决策分支画成图形很像一棵树的枝干,故称决策树,它一般都是自上而下地来生成的。决策树对比神经元网络的优点在于可以生成一些规则。当我们进行一些决策,同时需要相应的理由的时候,使用神经元网络就不行了。基于决策树的学习方法可以进行不相关的多概念学习,具有简单快捷的优势,已经在各个领域取得广泛应用。熵是决策树学习核心概念。熵是无序度度量。决策树学习通过熵最小化构建分类器。

3.1   决策树学习概述

决策树学习是以实例为基础的归纳学习,即从一类无序、无规则的事物(概念)中推理出决策树表示的分类规则。

概念分类学习算法在 20 世纪 60 年代开始发展。Hunt、Marin 和 Stone 于 1966 年研制的 CLS 学习系统,用于学习单个概念。1979 年,Quinlan 给出 ID3 算法,并在 1983 年和 1986 年对 ID3 进行了总结和简化,使其成为决策树学习算法的典型。Schlimmer 和 Fisher 于 1986 年对 ID3 进行改造,在每个可能的决策树节点创建缓冲区,使决策树可以递增式生成,得到 ID4 算法。1988 年,Utgoff 在 ID4 基础上提出了 ID5 学习算法,进一步提高了效率。1993 年,Quinlan 进一步发展了 ID3 算法,改进成 C4.5 算法。另一类决策树算法为 CART,与 C4.5 不同的是,CART 的决策树由二元逻辑问题生成,每个树节点只有两个分枝,分别包括学习实例的正例与反例。决策树的基本思想是以信息熵为度量构造一棵熵值下降最快的树,到叶子节点处的熵值为零,此时每个叶节点中的实例都属于同一类。

决策树学习采用的是自顶向下的递归方法。它的每一层节点依照某一属性值向下分为子节点,待分类的实例在每一节点处与该节点相关的属性值进行比较,根据不同的比较结果向相应的子节点扩展,这一过程在到达决策树的叶节点时结束,此时得到结论。从根节点到叶节点的每一条路径都对应着一条合理的规则,规则间各个部分(各个层的条件)的关系是合取关系。整个决策树就对应着一组析取的规则。所谓合取就是同真取真,其余取假,相当于集合中的取交集,而析取则是有真取真,同假取假,相当于集合中的取并集。

决策树学习算法的最大优点是,它可以自学习。在学习的过程中,不需要使用者了解过多背景知识,只需要对训练例子进行较好的标注,就能够进行学习。如果在应用中发现不符合规则的实例，程序会询问用户该实例的正确分类，从而生成新的分枝和叶子，并添加到树中。

3.1.1 决策树

树是由节点和分枝组成的层次数据结构。节点用于存储信息或知识，分枝用于连接各个节点。树是图的一个特例，图是更一般的数学结构，如贝叶斯网络等。

决策树是描述分类过程的一种数据结构，从上端的根节点开始，各种分类原则被引用进来，并依这些分类原则将根节点的数据集划分为子集，这一划分过程直到某种约束条件满足而结束。图 3-1 展示了一个判断动物种类的决策树。

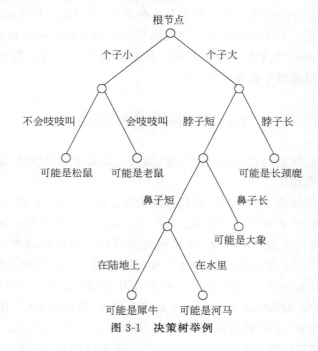

图 3-1　决策树举例

可以看到，这是一个决策树内部包含学习的实例，每层分枝代表了实例的一个属性的可能取值，叶节点是最终划分成的类。如果判定是二元的，那么构造的将是一棵二叉树，在树中每回答一个问题就降到树的下一层，这类树一般称为 CART（Classification And Regression Tree）。

判定结构可以机械地转变成产生式规则。可以通过对结构进行广度优秀搜索，并在每个节点生成"IF…THEN"规则来实现。如图 3-1 所示的决策树可以转换成以下规则。

IF"个子大"THEN

IF"脖子短"THEN

IF"鼻子长"　THEN 可能是大象

形式化表示成

个子大∧脖子短∧鼻子长⇒可能是大象

构造一棵决策树要解决以下 4 个问题。

（1）收集待分类的数据,这些数据的所有属性应该是完全标注的。

（2）设计分类原则,即数据的哪些属性可以被用来分类,以及如何将该属性量化。

（3）分类原则的选择,即在众多分类准则中,每一步选择哪一准则使最终的树更令人满意。

（4）设计分类停止条件。实际应用中数据的属性很多,真正有分类意义的属性往往是有限几个,因此在必要的时候应该停止数据集分裂:该节点包含的数据太少不足以分裂;继续分裂数据集对树生成的目标(例如 ID3 中的熵下降准则)没有贡献;树的深度过大不宜再分。

通用的决策树分裂目标是整棵树的熵总量最小,每一步分裂时,选择使熵减小最大的准则,这种方案使最具有分类潜力的准则最先被提取出来。

3.1.2　性质

1. 证据由属性值对表示

证据由固定的属性和其值表示,如属性是温度,则其值有热和冷。最简单的学习情况时,每个属性拥有少量的不相关值。

2. 目标函数有离散输出值

决策树分配一个二值的树,很容易扩展成多于两个的输出值。

3. 需要不相关的描述

决策树原则上是表述不相关的表示。

4. 容忍训练数据的错误

对训练样本和表述样本的属性值的错误都有较强的鲁棒性。

5. 训练数据可以缺少值

可以采用缺少属性值的样本学习(不是所有样本都有)。

3.1.3　应用

基于决策树的学习方法应用广泛,比如根据病情对病人分类、根据起因对故障分类、根据付款信用情况对贷款申请者分类。这些都是将输入样本分类成可能离散集的分类问题。

3.1.4　学习

下面先介绍 Shannon 信息熵的知识。

1. 自信息量

设信源 X 发出 a_i 的概率 $P(a_i)$，在收到符号 a_i 之前，收信者对 a_i 的不确定性定义为 a_i 的自信息量 $I(a_i)$。

$$I(a_i) = -\log P(a_i)$$

2. 信息熵

自信息量只能反映符号的不确定性，而信息熵用来度量整个信源整体的不确定性，定义为：

$$H(X) = p(a_1)I(a_1) + p(a_2)I(a_2) + \cdots + p(a_r)I(a_r)$$
$$= -\sum_{i=1}^{r} p(a_i)\log p(a_i)$$

其中，r 为信源 X 发出的所有可能的符号类型。信息熵反映了信源每发出一个符号所提供的平均信息量。

3. 条件熵

设信源为 X，收信者收到信息 Y，用条件熵 $H(X \mid Y)$ 来描述收信者在收到 Y 后对 X 的不确定性估计。设 X 的符号 a_i，Y 的符号 b_j，$P(a_i \mid b_j)$ 为当 Y 为 b_j 时 X 为 a_i 的概率，则有：

$$H(X \mid Y) = -\sum_{i=1}^{r} \sum_{j=1}^{s} p(a_i b_j)\log p(a_i \mid b_j)$$

4. 平均互信息量

用平均互信息量来表示信号 Y 所能提供的关于 X 的信息量的大小，用 $I(X,Y)$ 表示：

$$I(X,Y) = H(X) - H(X \mid Y)$$

3.2　决策树设计

先看一个水果分类的决策树识别器的实例。

水果属性描述有颜色、尺寸、形状、味道。比如西瓜＝绿色∧大，苹果＝（绿色∧中等大小）∨（红色∧中等大小），判定规则如图 3-2 所示。

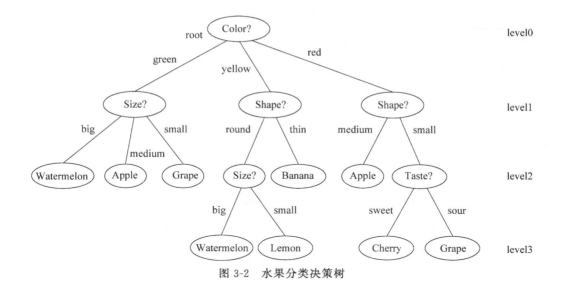

图 3-2　水果分类决策树

3.2.1　决策树的特点

决策树的特点总结如下：

(1) 中间节点对应一个属性，节点下的分支为该属性的可能值；

(2) 叶节点都有一个类别标记，每个叶节点对应一个判别规则；

(3) 决策树可以产生合取式规则，也可以产生析取式规则；

(4) 决策树产生的规则是完备的，对于任何可分的问题，均可构造相应的决策树对其进行分类。

3.2.2　决策树的生成

已知示例集合（样本集合），生成决策树，能够对示例中的样本分类，也要能够对未来的样本进行分类。下面用例子来说明。

小王是一家著名网球俱乐部的经理。但是他被雇员数量问题搞得心情十分不好。某些天好像所有人都来玩网球，以至于所有员工都忙得团团转还是应付不过来，而有些天不知道什么原因却一个人也不来，俱乐部为雇员数量浪费了不少资金。小王的目的是通过下周天气预报确定什么时候人们会打网球，以适时调整雇员数量。因此首先他必须了解人们决定是否打球的原因。在两周时间内得到以下记录：天气状况有晴、云和雨；气温用华氏温度表示；相对湿度用百分比表示；还有有无风。当然还有顾客是不是在这些日子光顾俱乐部。最终他得到了如表 3-1 所示的数据表格。决策树模型就被建起来用于解决问题，如图 3-3 所示。

表 3-1　打网球数据表

示　例	天　气	温　度	湿　度	风　力	打网球
1	Sunny	Hot	High	Weak	No
2	Sunny	Hot	High	Strong	No
3	Overcast	Hot	High	Weak	Yes
4	Rain	Mild	High	Weak	Yes
5	Rain	Cool	Normal	Weak	Yes
6	Rain	Cool	Normal	Strong	No
7	Overcast	Cool	Normal	Strong	Yes
8	Sunny	Mild	High	Weak	No
9	Sunny	Cool	Normal	Weak	Yes
10	Rain	Mild	Normal	Weak	Yes
11	Sunny	Mild	Normal	Strong	Yes
12	Overcast	Mild	High	Strong	Yes
13	Overcast	Hot	Normal	Weak	Yes
14	Rain	Mild	High	Strong	No

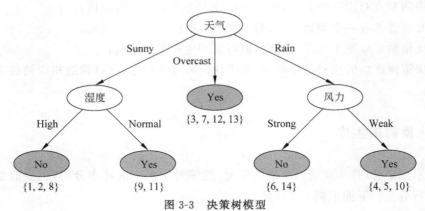

图 3-3　决策树模型

学习决策树需解决以下几个问题。

（1）节点处的分支数应该是几？

（2）如何确定某节点处应该测试哪个属性？

（3）何时可以令某节点成为叶节点？

（4）如何使一个过大的树变小，如何"剪枝"？

（5）如果叶节点仍不"纯"，如何给它赋类别标记？

（6）缺损的数据如何处理？

节点分支数的确定采用二分支和多分支均可，如前所述决策树模型所示。

针对(5),如果叶节点仍不"纯",即包含多个类别的样本时,可以将此叶节点标记为占优势的样本类别。

针对(6),如果待识别的样本某些属性丢失,当在某节点需要检测此属性时,可在每个分支上均向下判别。

(2)~(4)三个问题都可以归结为如何构造一个"好的"判别树问题。下面介绍两种算法——ID3 算法和 C4.5 算法。

1. ID3 算法

ID3 算法(Iterative Dichotomiser 3,迭代二叉树 3 代)是由 Ross Quinlan 于 1986 年提出的用于决策树的算法。这个算法是建立在奥卡姆剃刀原理(Occam's Razor)的基础上:能够达到同样目的的模型,最简单的往往是最好的。即简单的模型往往对应着较强的推广能力。

ID3 算法具体描述如下。

ID3(Examples,Attributes),其中,Examples 为样本集合,Attributes 是样本属性集合。

(1)创建根节点 Root;

(2)如果 Examples 中的元素类别相同,则为单节点树,标记为该类别标号,返回 Root;

(3)如果 Attributes 为空,则为单节点树,标记为 Examples 中最普遍的类别标号,返回 Root;

(4)$A \leftarrow$ Attributes 中分类能力最强的属性;

(5)Root 的决策属性 $\leftarrow A$;

(6)将 Examples 中的元素根据 A 的属性分成若干子集,令 example_i 为属性为 i 的子集;

(7)若 example_i 为空,则在新分支下加入一个叶节点,属性标记为 Examples 中最普遍的类别;

(8)否则在这个分支下加入一个子节点 ID3(example_i,Attributes-$\{A\}$)。

上面提到了"分类能力最强的属性",我们用信息增益定义属性的分类能力。信息增益是负熵,越大越有分类能力。

节点 N 的熵不纯度定义如下:

$$i(N) = -\sum_j P(\omega_j) \log_2 P(\omega_j)$$

其中,$P(\omega_j)$ 为节点 N 处属于 ω_j 类样本数占总样本数的频度。

节点 N 处属性 A 的信息增益:

$$\Delta_A i(N) = i(N) - \sum_{v \in \text{Value}(A)} \frac{|N_v|}{|N|} i(N_v)$$

其中,Value(A)为属性 A 的所有可能值的集合,N_v 为 N 中属性值为 v 的子集,$|N|$ 为集合 N 中元素的个数。

如图 3-4 所示是基于表 3-1 的信息增益的计算举例，节点 N，属性 $A=$ 天气。

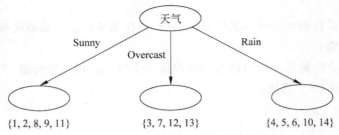

图 3-4　基于表 3-1 的信息增益的计算举例

$$i(N)=-\frac{9}{14}\log_2\frac{9}{14}-\frac{5}{14}\log_2\frac{5}{14}=0.9403$$

$$\Delta_A i(N)=0.9403-\frac{5}{14}\left(-\frac{3}{5}\log_2\frac{3}{5}-\frac{2}{5}\log_2\frac{2}{5}\right)-\frac{4}{14}\left(-\frac{4}{4}\log_2\frac{4}{4}-\frac{0}{4}\log_2\frac{0}{4}\right)$$

$$-\frac{5}{14}\left(-\frac{2}{5}\log_2\frac{2}{5}-\frac{3}{5}\log_2\frac{3}{5}\right)=0.246$$

在节点 N 处，以信息增益最大原则选择测试属性：

$$\Delta_{天气} i(N)=0.246$$
$$\Delta_{湿度} i(N)=0.151$$
$$\Delta_{风力} i(N)=0.048$$
$$\Delta_{温度} i(N)=0.029$$

即选择天气这个属性来进行决策。

2. C4.5 算法

ID3 算法没有"停止"和"剪枝"技术，当生成的判别树的规模比较大时，非常容易造成对数据的过度拟合。1993 年，Quinlan 在 ID3 算法的基础之上增加了"停止"和"剪枝"技术，提出了 C4.5 算法，避免对数据的过度拟合。

1）分支停止

（1）验证技术：用部分训练样本作为验证集，持续节点分支，直到对于验证集的分类误差最小为止。

（2）信息增益阈值：设定阈值 β，当信息增益小于阈值时停止分支。

$$\max_s \Delta i(S) \leqslant \beta$$

（3）最小化全局目标：$\alpha \cdot \text{size} + \sum_{\text{Leaf node}} i(N)$，size 用于衡量判别树的复杂程度。

（4）假设检验。

2）剪枝

判别树首先充分生长，直到叶节点都有最小的不纯度为止，然后对所有具有公共父节点的叶节点，考虑是否可以合并。

（1）如果合并叶节点只引起很小的不纯度增加，则进行合并。

（2）规则修剪：先将判别树转化为相应的判别规则，然后在规则集合上进行修剪。

那么，它属于哪种类型的气候呢？

下面介绍用 ID3 算法如何从表 3-2 所给的训练集中构造出一棵能对训练集进行正确分类的决策树。为了便于计算，表 3-2 对表 3-1 进行了属性英文表示。

表 3-2　气候训练集

No.	Attributes				Class
	Outlook	Temperature	Humidity	Windy	
1	Sunny	Hot	High	False	N
2	Sunny	Hot	High	True	N
3	Overcast	Hot	High	False	P
4	Rain	Mild	High	False	P
5	Rain	Cool	Normal	False	P
6	Rain	Cool	Normal	True	N
7	Overcast	Cool	Normal	True	P
8	Sunny	Mild	High	False	N
9	Sunny	Cool	Normal	False	P
10	Rain	Mild	Normal	False	P
11	Sunny	Mild	Normal	True	P
12	Overcast	Mild	High	True	P
13	Overcast	Hot	Normal	False	P
14	Rain	Mild	High	True	N

在没有给定任何天气信息时，根据现有数据，我们只知道新的一天打球的概率是 9/14，不打的概率是 5/14。此时的熵为：

$$-\frac{9}{14}\log_2\frac{9}{14}-\frac{5}{14}\log_2\frac{5}{14}=0.940$$

属性有 4 个：Outlook，Temperature，Humidity，Windy。首先要决定哪个属性作为树的根节点。

对每项指标分别统计：在不同的取值下打球和不打球的次数，如表 3-3 所示。

表 3-3　决策树根节点分类

Outlook			Temperature			Humidity			Windy			Play	
	yes	no		yes	no		yes	no		yes	no	yes	no
Sunny	2	3	Hot	2	2	High	3	4	False	6	2	9	5
Overcast	4	0	Mild	4	2	Normal	6	1	True	3	3		
Rainy	3	2	Cool	3	1								

下面计算当已知变量 Outlook 的值时，信息熵为多少。

Outlook＝Sunny 时，2/5 的概率打球，3/5 的概率不打球。Entropy＝0.971。

Outlook＝Overcast 时，Entropy＝0。

Outlook＝Rainy 时，Entropy＝0.971。

而根据统计数据，Outlook 取值为 Sunny、Overcast、Rainy 的概率分别是 5/14、4/14、5/14，所以当已知变量 Outlook 的值时，信息熵为 5/14×0.971＋4/14×0＋5/14×0.971＝0.694。

这样的话系统熵就从 0.940 下降到了 0.693，信息增益 Gain（Outlook）为 0.940－0.694＝0.246。

同样可以计算出 Gain（Temperature）＝0.029，Gain（Humidity）＝0.151，Gain（Windy）＝0.048。

Gain（Outlook）最大即 Outlook 在第一步使系统的信息熵下降得最快，所以决策树的根节点就取 Outlook，N_2 由于已经完全分为 yes 所以不需要继续划分，如图 3-5 所示。

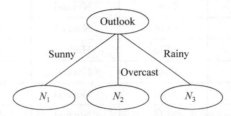

图 3-5　基于表 3-2 的信息增益的计算举例

接下来要确定 N_1 取 Temperature、Humidity 还是 Windy。在已知 Outlook＝Sunny 的情况下，根据历史数据，做出类似表 3-4 的一张表，分别计算 Gain（Temperature）、Gain（Humidity）和 Gain（Windy），选最大者为 N_1 节点的属性。

表 3-4　决策树 N_1 节点分类图

Temperature			Humidity			Windy			Play	
	yes	no		yes	no		yes	no	yes	no
Hot	0	2	High	0	3	False	1	2	2	3
Mild	1	1	Normal	2	0	True	1	1		
Cool	1	0								

很明显，Humidity 把决策问题是否打球完全分为 yes 和 no 两类，所以这个节点选择 Humidity。

同理，N_3 节点也画出节点分类图，根据信息增益选择 Windy 为决策属性。因此得到最终决策树如图 3-6 所示。

图 3-6　基于表 3-2 的决策树

小　　结

　　本章主要讲述了决策树理论的相关知识,包括决策树的基本概念、决策树的性质和应用等,着重强调了决策树生成算法的学习,包括 ID3 算法和改进的 C4.5 算法,其中,ID3 算法在生成的判别树的规模比较大时,容易造成对数据的过度拟合,C4.5 算法在 ID3 算法的基础之上增加了“停止”和“剪枝”技术。为了更好地学习决策树生成算法,本章先简单介绍了信息熵的知识,最后通过对具体例子的学习,有助于读者更加直观地理解和应用决策树算法。

第 4 章 　贝叶斯学习

引　　言

贝叶斯决策论是解决模式分类问题的基本统计途径,其基本原理是利用概率的不同分类决策与相应的决策代价之间的定量折中。做了如下假设,决策问题可以用概率形式来描述,并且假设所有有关的概率结构均已知。

假定在进行实际观察之前,要求我们必须对下次将要出现的类别做出判断,这时,假定任何方式的错误判决都会付出同样的代价和产生同样的后果。能够唯一利用的信息就是先验概率,如果 $P(\omega_1) > P(\omega_2)$,则判定为 ω_1,否则判定为 ω_2。

如果仅需要一次判决,那么上述的判决规则是合理的。但是,如果要求进行多次判决,那么重复利用这种规则就会显得很奇怪,因为将一直得到相同的结果。

对于需要多次判定的情况,不会使用如此少的信息来做判断。下面以判定男、女为例进行说明。可以利用观察到的身高、体重信息来提高分类器的性能,男女性别不同将产生不同的身高、体重分布,然后将其表示成概率形式的变量进行计算。

4.1　贝叶斯学习

4.1.1　贝叶斯公式

假定 x 是连续的随机变量,其分布取决于类别状态,表示成 $P(x \mid \omega)$ 的形式,称为类条件概率密度函数,即类别为 ω 时的 x 的概率密度函数,于是 $P(\omega_1)$ 和 $P(\omega_2)$ 间的区别就表示了男女之间身高的区别。

假设已知先验概率 $P(\omega_1)$,也知道类条件概率密度 $P(\omega_j)$,其中 $j=1,2$,然后假定人的身高为变量 x,它影响了我们所关心的类别状态。在类别 ω_j 中并且具有特征值 x 的联合概率密度可以写成 $P(\omega_j, x) = P(\omega_j \mid x) P(x) = P(x \mid \omega_j) P(\omega_j)$,将此等式重新整理可得

$$P(\omega_j \mid x) = \frac{P(x \mid \omega_j) P(\omega_j)}{P(x)}$$

这就是著名的贝叶斯公式,其中,$P(\omega_j \mid x)$ 称为后验概率,即 x 已知的情况下属于类别 ω_j 概率;$P(x \mid \omega_j)$ 是类条件概率密度(又称似然函数);$P(\omega_j)$ 是先验概率。

贝叶斯公式表明,通过观测 x 的值,可以将先验概率 $P(\omega_j)$ 转换成后验概率 $P(\omega_j \mid x)$,即特征值 x 已知的条件下类别属于 ω_j 的概率,$P(x \mid \omega_j)$ 表明在其他条件都相等的情况下,使得其取值较大的 ω_j 更有可能是真实的类别。注意到后验概率主要是由先验概

率和似然函数的乘积决定的。

4.1.2　最小误差决策

如果有观测值 x 使得 $P(\omega_1 \mid x)$ 比 $P(\omega_2 \mid x)$ 大,我们很自然地会做出真实类别是 ω_1 的判决。同样如果 $P(\omega_2 \mid x)$ 比 $P(\omega_1 \mid x)$ 大,那么更倾向于选择 ω_2。下面计算做出某次判决时的误差概率,对于某一特定观测值 x,有

$$P(\text{error} \mid x) = \begin{cases} P(\omega_1 \mid x) & \text{如果判定为 } \omega_2 \\ P(\omega_2 \mid x) & \text{如果判定为 } \omega_1 \end{cases}$$

显然,对于某一给定的 x,可以在最小化误差概率的情况下判决,同样这种规则可以将平均误差概率最小化,因为平均误差概率可以表示为

$$P(\text{error}) = \int_{-\infty}^{\infty} P(\text{error}, x)\mathrm{d}x = \int_{-\infty}^{\infty} P(\text{error} \mid x)P(x)\mathrm{d}x$$

并且如果对于任意的 x,我们保证 $P(\text{error} \mid x)$ 任意小,那么此积分的值也将任意小。由此验证了最小化误差概率条件下的贝叶斯决策规则:

如果 $P(\omega_1 \mid x) > P(\omega_2 \mid x)$,判别为 ω_1;否则判别为 ω_2。

根据上述规则,判决的误差概率可以写成

$$P(\text{error} \mid x) = \min[P(\omega_1 \mid x), P(\omega_2 \mid x)]$$

这种判决规则形式强调了后验概率的重要性。再利用后验概率的计算公式,可以把此规则变换成条件概率和先验概率的形式来描述。即得到下面完全等价的判决规则:

If $P(x \mid \omega_1)P(\omega_1) > P(x \mid \omega_2)P(\omega_2)$,判别为 ω_1;否则判别为 ω_2

通过此判决规则,可以明显看出先验概率和似然概率对于做出一种正确的判决都很重要,贝叶斯决策规则把它们结合起来以获得最小的误差概率。

4.1.3　正态密度

考虑一个实际问题,使用的是人体的身高、体重信息,其分布符合二维正态分布,因此下面对正态密度进行简单的介绍。

一个贝叶斯分类器的结构可由条件概率密度 $P(x \mid \omega_1)$ 和先验概率 $P(\omega_1)$ 来决定,在所有研究的各种概率密度中,最受青睐的是多元正态分布。

首先是连续的单变量正态密度函数:

$$P(x) = \frac{1}{\sqrt{2\pi}\delta}\exp\left[-\frac{1}{2}\left(\frac{x-\mu}{\delta}\right)^2\right]$$

由此概率密度函数可以计算出 x 的期望值和方差:

$$\mu = Ex = \int_{-\infty}^{\infty} xP(x)\mathrm{d}x$$

$$\delta^2 = E(x-\mu)^2 = \int_{-\infty}^{\infty} (x-\mu)^2 P(x)\mathrm{d}x$$

单变量正态密度函数完全由两个参数决定：均值 μ 和方差 δ^2。为了简化起见，通常简写为 $P(x) \sim N(\mu, \delta^2)$，表示 x 服从均值为 μ 和方差为 δ^2 的正态分布。服从正态分布的样本聚集于均值附近，其离散程度与标准差 δ 有关。

而在实际应用中，更普遍的情况是使用多维密度函数，一般的 d 维多元正态密度的形式如下：

$$P(\boldsymbol{x}) = \frac{1}{(2\pi)^{d/2} |\boldsymbol{\Sigma}|^{1/2}} \exp\left[-\frac{1}{2}(\boldsymbol{x} - \boldsymbol{\mu})^{\mathrm{T}} \boldsymbol{\Sigma}^{-1} (\boldsymbol{x} - \boldsymbol{\mu})\right]$$

其中，$\boldsymbol{x}$ 是一个 d 维列向量，$\boldsymbol{\mu}$ 是 d 维均值向量，$\boldsymbol{\Sigma}$ 是 $d \times d$ 的协方差矩阵，$|\boldsymbol{\Sigma}|$ 和 $\boldsymbol{\Sigma}^{-1}$ 分别是其行列式的值和逆，$(\boldsymbol{x} - \boldsymbol{\mu})^{\mathrm{T}}$ 是 $(\boldsymbol{x} - \boldsymbol{\mu})$ 的转置。为了简化起见，同样可以把上述公式简写成 $P(\boldsymbol{x}) \sim N(\boldsymbol{\mu}, \boldsymbol{\Sigma})$。

同样，其均值和方差可以写成：

$$\boldsymbol{\mu} = E\boldsymbol{x} = \int_{-\infty}^{\infty} \boldsymbol{x} P(\boldsymbol{x}) \mathrm{d}\boldsymbol{x}$$

$$\boldsymbol{\Sigma} = E\left[(\boldsymbol{x} - \boldsymbol{\mu})(\boldsymbol{x} - \boldsymbol{\mu})^{\mathrm{T}}\right] = \int_{-\infty}^{\infty} (\boldsymbol{x} - \boldsymbol{\mu})(\boldsymbol{x} - \boldsymbol{\mu})^{\mathrm{T}} P(\boldsymbol{x}) \mathrm{d}\boldsymbol{x}$$

其中，某个向量或矩阵的均值都是通过其元素的均值获得。

4.1.4 最大似然估计

实际问题中，类条件概率密度通常无法精确确定，必须通过一定的方法进行估计。对于本文中的例子，人体的身高和体重是符合二维正态分布的，因此只需要估计密度函数中的 μ 和 Σ。

参数估计是统计学中的经典问题，并且已经有了一些具体的解决方法，在这里使用极大似然估计法。

假设样本集 D 中有 n 个样本，$x_1, x_2, \cdots, x_n$，由于样本是独立抽取的，因此有下面的等式：

$$P(D \mid \boldsymbol{\theta}) = \prod_{k=1}^{n} P(x_k \mid \boldsymbol{\theta})$$

可以把 $P(D \mid \boldsymbol{\theta})$ 看成是参数向量 $\boldsymbol{\theta}$ 的函数，被称为样本集 D 下的似然函数。根据定义，参数向量 $\boldsymbol{\theta}$ 的最大似然估计，就是使 $P(D \mid \boldsymbol{\theta})$ 达到最大的那个参数向量 $\hat{\boldsymbol{\theta}}$。也可以这样理解，参数向量 $\boldsymbol{\theta}$ 的最大似然估计就是最符合已有的观测样本集的那一个。

为了简化分析和运算，通常情况下使用似然函数的对数函数来求符合要求的参数向量。对数似然函数定义为：

$$I(\boldsymbol{\theta}) \equiv \ln P(D \mid \boldsymbol{\theta})$$

则目的参数向量 $\hat{\boldsymbol{\theta}}$ 就是能够使对数似然函数取得最大值的参数向量，即

$$\hat{\boldsymbol{\theta}} = \mathrm{argmax} I(\boldsymbol{\theta})$$

结合上述公式可得：

$$I(\boldsymbol{\theta}) = \sum_{k=1}^{n} P(x_k \mid \boldsymbol{\theta})$$

对上述式子中参数向量 $\boldsymbol{\theta}$ 进行求导可得：

$$\nabla_{\boldsymbol{\theta}} I = \sum_{k=1}^{n} \nabla_{\boldsymbol{\theta}} P(x_k \mid \boldsymbol{\theta})$$

其中，$\nabla_{\boldsymbol{\theta}} = \left[\dfrac{\partial}{\partial \theta_1}, \dfrac{\partial}{\partial \theta_2}, \cdots, \dfrac{\partial}{\partial \theta_P} \right]$。

这样，令 $\nabla_{\boldsymbol{\theta}} I = 0$ 即可求出目的参数向量 $\hat{\boldsymbol{\theta}}$。

对于多元高斯函数，使用最大似然估计方法可以得到均值、方差的估计结果为：

$$\hat{\boldsymbol{\mu}} = \frac{1}{n} \sum_{k=1}^{n} x_k$$

$$\hat{\boldsymbol{\Sigma}} = \frac{1}{n} \sum_{k=1}^{n} (x - \boldsymbol{\mu})(x - \boldsymbol{\mu})^{\mathrm{T}}$$

4.2 朴素贝叶斯原理及应用

4.2.1 贝叶斯最佳假设原理

贝叶斯最佳假设即为在给定的数据 D 以及 H 中不同假设的先验概率的情况下的最可能假设。

贝叶斯定理提供了一种计算假设概率的方法，它基于假设的先验概率，给定假设下观察到的不同数据的概率以及观察到的数据本身。用 $P(h)$ 表示在没有训练数据前假设 h 拥有的初始概率。$P(h)$ 常常被称为 h 的先验概率，反映了关于 h 是正确假设的概率的背景知识。同样，用 $P(D)$ 代表将要观察的训练数据 D 的先验概率。$P(D \mid h)$ 代表假设 h 成立的情况下数据 D 的概率。我们需要得到给定训练数据 D 时 h 成立的概率，即 h 的后验概率：$P(h \mid D)$。贝叶斯公式给出了计算后验概率 $P(h \mid D)$ 的方法：

$$P(h \mid D) = \frac{P(D \mid h) P(h)}{P(D)}$$

其中，数据 D 称作某目标函数的训练样本，h 称为候选目标函数空间。

4.2.2 Naive Bayes 分类

Naive Bayes 分类器对于给定类的影响独立于其他特征，即特征独立性假设。对文本分类来说，它假设各个单词之间两两独立。原理如图 4-1 所示。

设训练样本集分为 k 类，记为 $C = \{C_1, C_2, \cdots, C_k\}$，则每个类 C_i 先验概率为 $P(C_i)$，$i = 1, 2, \cdots, k$。其值为 C_i 类的样本数除以训练集样本数 n。对于新样本 d，其属于 C_i 类的条件概率是 $P(d \mid C_i)$，如式（4-1）所示。

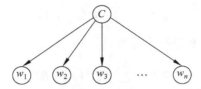

图 4-1　Naive Bayes 文本分类器原理

$$P(C_i \mid d) = \frac{P(d \mid C_i)P(C_i)}{P(d)} \tag{4-1}$$

$P(d)$ 对于所有类均为常数，可以忽略，则式(4-1)可以简化为：

$$P(C_i \mid d) \propto P(d \mid C_i)P(C_i) \tag{4-2}$$

为避免 $P(C_i)$ 为 0，采用拉普拉斯概率估计，见式(4-3)：

$$P(C_i \mid d) \propto P(d \mid C_i)P(C_i)$$

$$P(C_i) = \frac{1 + \mid D_{c_i} \mid}{\mid C \mid + \mid D_c \mid} \tag{4-3}$$

式中，$\mid C \mid$ 表示训练集中类的数目，$\mid D_{c_i} \mid$ 表示训练集中属于类 C_i 的文档数，$\mid D_c \mid$ 表示训练集包括的总文档数。

Naive Bayes 文本分类器将未知样本 d 归于类 C_i 的依据，见式(4-4)：

$$P(C_i \mid d) = \underset{j}{\arg\max}\{P(C_j \mid d)P(C_j)\}, j = 1, 2, \cdots, k \tag{4-4}$$

文档 d 由其包含的特征词表示，即 $d = (w_1, \cdots, w_j, \cdots, w_m)$，$m$ 是 d 的特征词个数，w_j 是第 j 个特征词，由特征独立性假设，则得式(4-5)：

$$P(d \mid C_i) = P((w_1, \cdots, w_j, \cdots, w_m) \mid C_j) = \prod_{j=1}^{m} P(w_j \mid C_i) \tag{4-5}$$

$P(w_j \mid C_i)$ 表示分类器预测单词 w_j 在类 C_i 的文档中发生的概率。因此，式(4-5)可转化为：

$$P(d \mid C_i) \propto P(C_i)\prod_{j=1}^{m} P(w_j \mid C_i) \tag{4-6}$$

为避免 $P(w_j \mid C_i)$ 为 0，可以采用拉普拉斯概率估计。

4.2.3　基于 Naive Bayes 的文本分类器

近年来，随着互联网的发展，人们可以获取的信息以指数的速度增长。文本分类作为处理和组织大量文本数据的关键技术，可以在较大程度上解决信息杂乱现象的问题，方便用户准确地定位所需的信息和分流信息。而且作为信息过滤、信息检索、搜索引擎、文本数据库、数字化图书馆等领域的技术基础，文本分类技术有着广泛的应用前景。

国外自动分类研究始于 20 世纪 50 年代末，Luhn 在这一领域进行了开创性的研究，他首先将词频统计的思想用于文本分类中。1960 年，Maron 在 Journal of ASM 上发表了有关自动分类的第一篇论文 *On relevance probabilitic indexing and information retrieval*。1962 年,博科(Borko H.)等人提出了利用因子分析法进行文献的自动分类。其后许多学者在这一领域进行了卓有成效的研究。国外的自动分类研究大体上可以分为三个阶段:第一阶段(1958—1964 年),主要进行自动分类的可行性研究;第二阶段(1965—1974 年),进行自动分类的实验研究;第三阶段(1975 年至今),自动分类的实用化阶段。

国外当前流行的文本分类方法有 Rocchio 法及其变异方法、k 近邻法(kNN)、决策树、朴素贝叶斯、贝叶斯网络、支持向量机(SVM)等方法。这些方法在英文以及欧洲语种文本自动分类上有广泛的研究,而且很多研究表明,kNN 和 SVM 是英文文本分类的最好方法。国外很多研究人员对英文文本分类领域的各个问题都有相当深入的研究,对几种流行的方法进行了大量的对比研究。Susan Dumais 等学者对这 5 种方法进行了专门的比较研究。文本分类是指按照预先定义的分类体系,根据文本的内容自动地将文本集合的每个文本归入某个类别,系统的输入是需要进行分类处理的大量文本,而系统的输出是与文本关联的类别。简单地说,文本分类就是对文档标以合适的类标签。从数学的角度来看,文本分类是一个映射过程,它将未标明类别的文本映射到现有类别中,该映射可以是一一映射,也可以是一对多映射,因为通常一篇文本可以与多个类别相关联。

文本分类的映射规则是,系统根据已知类别中若干样本的数据信息总结出分类的规律性,建立类别判别公式和判别规则。当遇到新文本时,根据总结出的类别判别规则确定文本所属的类别。在理论研究方面,对单类别分类的研究要远远多于对多类别分类的研究。主要是由于单类别分类算法可以非常容易地转化成多类别分类算法,不过这种方法有一个假设条件,即各个类之间是独立的,没有相互依存关系或其他影响,当然在实际应用中,绝大多数情况是可以满足此假设条件的。因此,在文本分类的研究中,大部分实验都是基于单类别分类问题的探讨。

Duda 和 Hart 于 1973 年提出了基于贝叶斯公式的朴素贝叶斯分类器(Naive Bayes Classifier,NBC)。贝叶斯分类算法是数据挖掘中一项重要的分类技术,可与决策树和神经网络等分类算法相媲美。由于朴素贝叶斯分类器具有坚实的数学理论基础以及综合先验信息和数据样本信息的能力,使其正在成为当前机器学习和数据挖掘的研究热点之一。由于其简单性及计算的有效性等优点,在实际应用中也表现出相当的健壮性,在文本分类领域中一直占有很重要的地位。

1. 文本分类基本概念

文本分类是指按照预先定义的分类体系,根据文本的内容自动地将文本集合的每个文本归入某个类别,系统的输入是需要进行分类处理的大量文本,而系统的输出是与文本关联的类别。简单地说,文本分类就是对文档标以合适的类标签。从数学的角度来看,文本分类是一个映射过程,它将未标明类别的文本映射到现有类别中,该映射可以是一一映射,也可以是一对多映射,因为通常一篇文本可以与多个类别相关联。

文本分类的映射规则是,系统根据已知类别中若干样本的数据信息总结出分类的规律性,建立类别判别公式和判别规则。当遇到新文本时,根据总结出的类别判别规则确定文本所属的类别。

在理论研究方面，对单类别分类的研究要远远多于对多类别分类的研究。主要是由于单类别分类算法可以非常容易地转化成多类别分类算法，不过这种方法有一个假设条件，即各个类之间是独立的，没有相互依存关系或其他影响，当然在实际应用中，绝大多数情况是可以满足此假设条件的。因此，在文本分类的研究中，大部分实验都是基于单类别分类问题的探讨。

2. 文本表示

从本质上讲，文本是一个由众多字符构成的字符串，无法被学习算法自己用于训练或分类。要将机器学习技术运用于文本分类问题，首先需要将作为训练和分类的文档，转化为机器学习算法易于处理的向量形式。即运用各种文本形式化表示方法，如向量空间模型，对文档进行文本形式化表示。Salton G.提出的向量空间模型（VSM）有较好的计算性和可操作性，是近年来应用较多且效果较好的一种模型，向量空间模型最早成功应用于信息检索领域，后来又在文本分类领域得到了广泛的运用。

向量空间模型的假设是，一份文档所属的类别仅与某些特定的词或词组在该文档中出现的频数有关，而与这些单词或词组在该文档中出现的位置或顺序无关。也就是说，如果将构成文本的各种语义单位（如单词、词组）统称为"词项"，以及词项在文本中出现的频数称为"频"，那么一份文档中蕴含的各个词项的词频信息足以用来对其进行正确的分类。

在向量空间模型中文本被形式化为 n 维空间中的向量：

$$D = \ <W_{\text{term1}}, W_{\text{term2}}, \cdots, W_{\text{term}n}>$$

其中，$W_{\text{term}i}$ 为第 i 个特征的权重。如果特征项选择为词语，那么就刻画出了词语在表示文本内容时所起到的重要程度。

本文采用布尔权重。如果特征项出现次数为 0，则其权重为 0；如果特征项出现次数大于 0，则其权重为 1。

3. 特征提取

在英文文本分类中，文本先去掉停用词（即 is/are，on/at 等对文本意思没有影响的单词）。然后对具有相同词根的单词（词义上相近），如将 work，working，worked 进行 stemming 处理：即统计词频时作为同一个单词（例如 work）处理。由此得到特征集。但是特征集仍然是个高维的特征空间，对于所有的分类算法来说维数都太大。因此，本文根据文档频率（Document Frequency，DF）进行特征抽取，以降低特征空间的维数，提高分类的效率和精度。

一个特征的 DF 是指在文档集中含有该特征的文档数目。文档频率是最简单的特征抽取技术，由于其相对于训练语料规模具有线性的计算复杂度，它能够很容易被用于大规模语料统计。

采用 DF 作为特征选择，基于如下基本假设：DF 值低于某个阈值的词条是低频词，它们不含或含有较少的类别信息。将这样的词条从原始特征空间中除去，不但能够降低特征空间的维数,而且还有可能提高分类的精度。

4.3 HMM(隐性马氏模型)及应用

1870 年,俄国有机化学家 Vladimir V. Markovnikov 第一次提出马尔科夫模型。其核心内容简述如下。

4.3.1 马尔科夫性

如果一个过程的“将来”仅依赖“现在”而不依赖“过去”,则此过程具有马尔科夫性,或称此过程为马尔科夫过程,即 $X(t+1) = f(X(t))$。

4.3.2 马尔科夫链

时间和状态都离散的马尔科夫过程称为马尔科夫链,记作 $\{X_n = X(n), n = 0, 1, 2, \cdots\}$,$X(n)$ 即在时间集 $T_1 = \{0, 1, 2, \cdots\}$ 上对离散状态的过程相继观察的结果。

链的状态空间记作 $I = \{a_1, a_2, \cdots\}, a_i \in R$。

条件概率 $P_{ij}(m, m+n) = P\{X_{m+n} = a_j \mid X_m = a_i\}$ 为马尔科夫链在时刻 m 处于状态 a_i 条件下,在时刻 $m+n$ 转移到状态 a_j 的转移概率。

4.3.3 转移概率矩阵

如图 4-2 所示,天气的转移概率矩阵如表 4-1 所示。

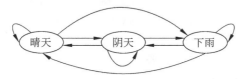

图 4-2　天气转移示意图

表 4-1　天气转移概率矩阵表

	晴　天	阴　天	下　雨
晴天	0.50	0.25	0.25
阴天	0.375	0.25	0.375
下雨	0.25	0.125	0.625

由于链在时刻 m 从任何一个状态 a_i 出发,到另一时刻 $m+n$,必然转移到 $a_1, a_2, \cdots$ 诸状态中的某一个,所以有

$$\sum_{j=1}^{\infty} P_{ij}(m,m+n)=1, i=1,2,\cdots$$

当 $P_{ij}(m,m+n)$ 与 m 无关时，称马尔科夫链为齐次马尔科夫链，通常说的马尔科夫链都是指齐次马尔科夫链。

4.3.4 HMM（隐性马尔科夫模型）及应用

1. HMM 的实例

设有 N 个缸，如图 4-3 所示，每个缸中装有很多彩球，球的颜色由一组概率分布描述。实验进行方式如下。

（1）根据初始概率分布，随机选择 N 个缸中的一个开始实验。

（2）根据缸中球颜色的概率分布，随机选择一个球，记球的颜色为 O_1，并把球放回缸中。

（3）根据描述缸的转移的概率分布，随机选择下一个缸，重复以上步骤。

最后得到一个描述球的颜色的序列 $O_1,O_2,\cdots$，称为观察值序列 O。

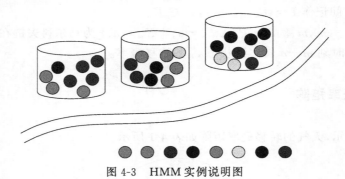

图 4-3　HMM 实例说明图

在上述实验中，有以下几个要点需要注意。

（1）不能直接观察缸间的转移。

（2）从缸中所选取的球的颜色和缸并不是一一对应的。

（3）每次选取哪个缸由一组转移概率决定。

2. HMM 的概念

HMM 的状态是不确定或不可见的，只有通过观测序列的随机过程才能表现出来。观察到的事件与状态并不是一一对应的，而是通过一组概率分布相联系。

3. HMM 的组成

HMM 是一个双重随机过程，有以下两个组成部分。

（1）马尔科夫链：描述状态的转移，用转移概率描述。

（2）一般随机过程：描述状态与观察序列间的关系，用观察值概率描述。

图 4-4 是 HMM 组成示意图。

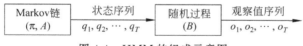

图 4-4　HMM 的组成示意图

马尔科夫过程是具有无后效性的随机过程。即 t_m 时刻所处状态的概率只和 t_{m-1} 时刻的状态有关，而与 t_{m-1} 时刻之前的状态无关，比如布朗运动、泊松过程。马尔科夫链是时间离散、状态离散的马尔科夫过程。

马尔科夫链有两个参数：转移概率和初始概率。其中，转移概率：$a_{kl} = P(\pi_i = 1 \mid \pi_{i-1} = k))$。

HMM 对于这个例子可以根据观测球的序列，计算出来杯子的排序，也就是隐态求解。

4. HMM 的基本算法

HMM 主要有三个算法：Viterbi 算法、前向-后向算法和 Baum-Welch 算法。

1）Viterbi 算法

（1）采用动态规划算法，复杂度为 $O(K^2 L)$，K 和 L 分别为状态个数和序列长度。

（2）初始化 $(i = 0)$：$v_0(0) = 1, v_k(0) = 0, k > 0$。

递推 $(i = 1 \ldots L)$：$v_l(i) = e_l(x_i) \max_k (v_k(i-1) a_{kl})$

$$\mathrm{ptr}_i(l) = \mathrm{argmax}_k(v_k(i-1) a_{kl})$$

终止：$p(x, \pi^*) = \max_k(v_k(L) a_{k0})$

$$\pi_L^* = \mathrm{argmax}_k(v_k(L) a_{k0})$$

回溯 $(i = 1 \ldots L)$：$\pi_{i-1}^* = \mathrm{ptr}_i(\pi_i^*)$

2）前向-后向算法

（1）前向算法：动态规划，复杂度同 Viterbi。

定义前向变量 $f_k(i) = P(x_1 \cdots x_i, \pi_i = k)$

初始化 $(i = 0)$：$f_0(0) = 1, f_k(0) = 0, k > 0$

递推 $(i = 1 \ldots L)$：$f_l(i) = e_l(x_i) \sum_k f_k(i-1) a_{kl}$

终止：$P(x) = \sum_k f_k(L) a_{k0}$

（2）后向算法：动态规划，复杂度同 Viterbi。

定义后向变量 $b_k(i) = P(x_{i+1} \cdots x_L \mid \pi_i = k)$

初始化 $(i = L)$：$b_k(L) = a_{k0}$，所有 k

递推 $(i = L-1\ldots1)$：$b_k(i) = \sum_l a_{kl} e_l(x_{i+1}) b_l(i+1)$

终止：$P(x) = \sum_k a_{0l} e_l(x_1) b_1(1)$

3）Baum-Welch 算法

重估公式为：

$$A_{kl} = \sum_j \frac{1}{p(x^j)} \sum_i f_k^j(i) a_{kl} e_l(x_{i+1}^j) b_l^j(i+1)$$

$$E_k(b) = \sum_j \frac{1}{p(x^j)} \sum_{\{i \mid x_i^j = b\}} f_k^j(i) b_k^j(i)$$

5. HMM 的应用

HMM 的主要应用是解码。在生物序列分析中，从序列中的每个值（观察值）去推测它可能属于哪个状态。这里主要有两种解码方法：Viterbi 算法解码和前向-后向算法＋贝叶斯后验概率。

1）Viterbi 解码

由 Viterbi 算法所得的是一条最佳路径。根据该路径可直接得出对应于每一观察值的状态序列。

2）前向-后向算法＋贝叶斯后验概率

利用贝叶斯后验概率计算序列中的值属于某一状态的概率，即

$$p(\pi_i = k \mid x) = \frac{P(x, \pi_i)}{P(x)}$$

而 $p(x, \pi_i) = P(x_1 \cdots x_i, \pi_i = k) P(x_{i+1} \cdots x_L \mid \pi_i = k) = f_k(i) b_k(i)$

实际建模过程如下。

（1）根据实际问题确定状态个数及观察序列。

（2）用若干已知序列，采用 B-W 算法估计参数（转移概率 a_{kl} 和输出概率 $e_k(b)$ 的值）。

（3）输入未知序列用 Viterbi 算法或贝叶斯概率解码。

小　　结

随着现代社会的进步，各种各样的信息迅猛发展，尤其是网络资源的快速发展，使人类社会面临着日益严重的信息挑战。人们不仅重视信息的有效性，而且更加关注信息获取的经济性。如何便捷地获取信息，如何高效地应用信息，已经成为现代信息技术的研究热点。文本分类等文本挖掘技术就是在这种信息量异常庞大、信息载体纷繁复杂且瞬息万变的形势下，应运而生的一整套的在各种文本载体中发现信息、处理信息的最佳方案，也是人们更加经济地获得有效信息的途径。

第5章　支持向量机

引　言

分类作为数据挖掘领域中一项非常重要的任务,它的目的是学会一个分类函数或分类模型(或者叫作分类器),而支持向量机本身便是一种监督式学习的方法,它广泛应用于统计分类以及回归分析中。支持向量机(Support Vector Machine, SVM)是 Vapnik 等人于 1995 年首先提出的,它在解决小样本、非线性及高维模式识别中表现出许多特有的优势,并推广到人脸识别、行人检测、文本自动分类等其他机器学习问题中。支持向量机方法是建立在统计学习理论的 VC 维理论和结构风险最小原理基础上的,根据有限的样本信息在模型的复杂性和学习能力之间寻求最佳折中,以求获得最好的推广能力。

5.1　支持向量机

支持向量机是 20 世纪 90 年代中期发展起来的基于统计学习理论的一种机器学习方法,通过寻求结构化风险最小来提高学习机泛化能力,实现经验风险和置信范围的最小化,从而达到在统计样本量较少的情况下,也能获得良好统计规律的目的。通俗来讲,其基本模型定义为特征空间上的间隔最大的线性分类器,即支持向量机的学习策略便是间隔最大化,最终可转化为一个凸二次规划问题的求解。

首先考虑两类线性可分的情况,如图 5-1 所示。两类训练样本分别为实心点与空心点,SVM 的最优分类面就是要求分类线不但能将两类正确分开,即训练错误率为 0,且使得分类间隔(margin)最大。图 5-1 中,H 为把两类正确分开的分类线,H_1、H_2 为过两类中距离 H 最近的点,且平行于 H 的直线,则 margin 即为 H_1、H_2 之间的垂直距离。

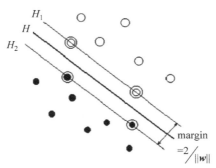

图 5-1　最优分类面示意图

设训练数据集为 $(x_1, y_1), (x_2, y_2), \cdots, (x_n, y_n), \boldsymbol{x} \in R^n, y \in \{+1, -1\}$。 线性判

别函数设为：

$$g(x) = (w^{\mathrm{T}}x) + b \qquad (5\text{-}1)$$

其中，$w^{\mathrm{T}}x$ 为 w 与 x 的内积。分类面方程为：$(w^{\mathrm{T}}x) + b = 0$。将判别函数进行归一化，使两类所有的样本都满足 $|g(x)| \geqslant 1$，使 $y = -1$ 时，$|g(x)| \leqslant -1$；$y = 1$ 时，$g(x) \geqslant 1$。其中离分类面最近的样本的 $|g(x)| = 1$。

我们的目标是求分类间隔最大的决策面，首先表示出分类间隔 margin。定义 $g(x) > 0$ 时 x 被分为 w_1 类，$g(x) < 0$ 时 x 被分为 w_2 类，$g(x) = 0$ 时为决策面。设 x_1, x_2 是决策面上的两点，于是就有：

$$w^{\mathrm{T}}x_1 + b = w^{\mathrm{T}}x_2 + b, \quad w^{\mathrm{T}}(x_1 - x_2) = 0 \qquad (5\text{-}2)$$

可以看出，w 与 $x_1 - x_2$ 正交，$x_1 - x_2$ 即为决策面的方向，所以 w 就是决策面的法向量。如图 5-2 所示，把 x 表示为：

$$x = x_p + r\frac{w}{\|w\|} \qquad (5\text{-}3)$$

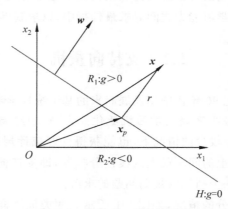

图 5-2 样本点 x 的向量表示

式中，x_p 是 x 在 H 上的投影向量，r 是 x 到 H 的垂直距离。$\dfrac{w}{\|w\|}$ 表示 w 方向上的单位向量，将式（5-3）代入式（5-1）中，可得：

$$g(x) = w^{\mathrm{T}}\left(x_p + r\frac{w}{\|w\|}\right) + b = w^{\mathrm{T}}x_p + b + r\frac{w^{\mathrm{T}}w}{\|w\|} = r\|w\| \qquad (5\text{-}4)$$

r 规范化后可写为：

$$r = \frac{|g(x)|}{\|w\|} \qquad (5\text{-}5)$$

又由以上分析，距离分类面最近的样本满足 $|g(x)| = 1$，这样分类间隔为：

$$\mathrm{margin} = 2^* r = \frac{2}{\|w\|} \qquad (5\text{-}6)$$

因此，若要求 margin 的最大值，即求 $\|w\|$ 或 $\|w\|_2$ 的最小值。

因为要求所有训练样本正确分类，即需要在满足

$$y_i\left[(w^{\mathrm{T}}x) + b\right] - 1 \geqslant 0, \quad i = 1, 2, \cdots, n \qquad (5\text{-}7)$$

条件下,求使 $\parallel w \parallel^2$ 最小的分类面。而 H_1、H_2 上的训练样本就是式(5-7)中等号成立的那些样本,叫作支持向量(Support Vectors)。在图 5-1 中用圆圈标记。所以,最优分类面问题可以表示为如下的约束优化问题:

$$\text{Min } \Phi(w) = \frac{1}{2} \parallel w \parallel^2 = \frac{1}{2}(w^{\mathrm{T}}w) \tag{5-8}$$

约束条件为:

$$y_i \left[(w^{\mathrm{T}}x) + b \right] - 1 \geqslant 0, i = 1, 2, \cdots, n$$

构造 Lagrange 函数:

$$L(w,b,a) = \underset{w}{\text{Min}} \underset{a_i}{\text{Max}} \frac{1}{2} \parallel w \parallel^2 - \sum_{i=1}^{n} a_i(y_i.((x_i.w)+b)-1) \tag{5-9}$$

其中,a_i 为 Lagrange 系数,这里就对 w 和 b 求 Lagrange 函数的极小值。将 L 对 w 求偏导数并令其等于 0 可得:

$$\nabla_w L(w,b,a) = w - \sum a_i y_i x_i = 0$$

得出

$$w^* = \sum a_i y_i x_i \tag{5-10}$$

将式(5-10)代入 L 方程,就得到了 L 关于 w 的最优解:

$$L(w^*,b,a) = -\frac{1}{2}\sum_i\sum_j a_i a_j y_i y_j (x_i.x_j) - \sum_i a_i y_i b + \sum_i a_i \tag{5-11}$$

再对 b 求偏导:

$$\nabla_b L(w,b,a) = \sum_i a_i y_i = 0 \tag{5-12}$$

代入 L 关于 w 的最优解,就可以得到 L 关于 w 和 b 的最优解:

$$L(w^*,b^*,a) - \frac{1}{2}\sum_i\sum_j a_i a_j y_i y_j (x_i.x_j) + \sum_i a_i \tag{5-13}$$

下面寻找原始问题的对偶问题求解。原始问题的对偶问题为:

$$\text{Max } Q(a) = -\frac{1}{2}\sum_i\sum_j a_i a_j y_i y_j (x_i.x_j) + \sum_i a_i \tag{5-14}$$

$$\text{s.t.} \sum_{i=1}^{n} a_i y_i = 0, \quad a_i \geqslant 0, i = 1, \cdots, n$$

若 a_i^* 为最优解,则可求得:

$$w^* = \sum_{i=1}^{n} a_i y_i x_i \tag{5-15}$$

可以看出,这是不等式约束的二次函数极值问题,满足 KKT (Karush-Kuhn-Tucker) 条件。这样,使得式(5-15)最大化的 w^* 和 b^* 需要满足:

$$\sum_{i=1}^{n} a_i(y_i[(w.x)+b]-1) = 0 \tag{5-16}$$

而对于多数样本,它们不在离分类面最近的直线上,即 $y_i[(w.x_i)+b]-1 > 0$,从而一定有对应的 $a_i = 0$,也就是说,只有在边界上的数据点(支持向量)才满足:

$$y_i[(w.x)+b]-1=0$$
$$a_i \neq 0, i=1,\cdots,n \tag{5-17}$$

它们只是全体样本中很少的一部分，相对于原始问题大大减少了计算的复杂度。最终求得上述问题的最优分类函数：

$$f(x)=\text{sgn}\{(w^*.x)+b^*\}=\text{sgn}\Big\{\sum a_i^* y_i(x_i.x)+b^*\Big\} \tag{5-18}$$

其中，sgn() 为符号函数。由于非支持向量对应的 a_i 都为 0，因此式中的求和实际上只对支持向量进行。b^* 是分类的域值，可以由任意一个支持向量用式(5-16)求得。这样就求得了在两类线性可分情况下的 SVM 分类器。

然而，并不是所有的两类分类问题都是线性可分的。对于非线性问题，SVM 设法将它通过非线性变换转化为另一空间中的线性问题，在这个变换空间中求解最优的线性分类面。而这种非线性变换可以通过定义适当的内积函数，即核函数实现。目前得到的常用核函数主要有多项式核，径向基核，以及 Sigmoid 核，其参数的选择对最终的分类效果也有较大影响。

也就是说，以前新来的要分类的样本首先根据 w 和 b 做一次线性运算，然后看求的结果是大于 0 还是小于 0，来判断正例还是负例。现在有了 a_i，我们不需要求出 w，只需将新来的样本和训练数据中的所有样本做内积和即可。从 KKT 条件中得到，只有支持向量的 $a_i>0$，其他情况 $a_i=0$。因此，只需求新来的样本和支持向量的内积，然后运算即可。

下面介绍 SVM 的核心：核函数。这个概念的提出使 SVM 完成了向非线性分类的转变。

观察图 5-3，把横轴上端点 a 和 b 之间部分中的所有点定为正类，两边的点定为负类。试问能找到一个线性函数把两类正确分开吗？不能，因为二维空间里的线性函数就是指直线，显然找不到符合条件的直线。

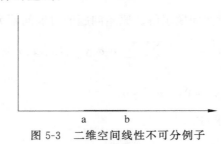

图 5-3　二维空间线性不可分例子

但可以找到一条曲线，例如如图 5-4 所示这一条。

显然通过点在这条曲线的上方还是下方就可以判断点所属的类别。这条曲线就是我们熟知的二次曲线，它的函数表达式可以写为：

$$g(x)=c_0+c_1 x+c_2 x^2$$

那么首先需要将特征 x 扩展到三维 $(1,x,x^2)$，然后寻找特征和结果之间的模型。

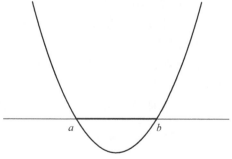

图 5-4 二维空间核函数举例

这种特征变换称作特征映射。映射函数称作 Φ，在这个例子中，$\Phi(\boldsymbol{x}) = \begin{bmatrix} 1 \\ x \\ x^2 \end{bmatrix}$，我们希望

将得到的特征映射后的特征应用于 SVM 分类，而不是最初的特征。这样，需要将前面 $\boldsymbol{w}^{\mathrm{T}}\boldsymbol{x} + b$ 公式中的内积从 $<x^{(i)}, \boldsymbol{x}>$ 映射到 $<\Phi(x^{(i)}), \Phi(\boldsymbol{x})>$。由式(5-18)可知，线性分类时，用的是原始特征的内积 $<x^{(i)}, \boldsymbol{x}>$，在非线性分类时只需选用映射后的内积即可，至于选择何种映射，需要根据样本特点和分类效果选择。

然而我们看到，为了进行非线性分类，特征映射后会使维度大幅度增加，对运算速度是个极大的挑战，而核函数很好地解决了这个问题，下面看一下推导介绍。

我们具体介绍一下核函数形式化定义，如果原始特征内积是 $<\boldsymbol{x}, \boldsymbol{z}>$，映射后为 $<\Phi(\boldsymbol{x}), \Phi(\boldsymbol{z})>$，那么定义核函数(Kernel)为 $K(\boldsymbol{x}, \boldsymbol{z}) = \Phi(\boldsymbol{x})^{\mathrm{T}}\Phi(\boldsymbol{z})$，下面举例说明这个定义的意义。令 $K(\boldsymbol{x}, \boldsymbol{z}) = (\boldsymbol{x}^{\mathrm{T}}\boldsymbol{z})^2$，展开后得到：

$$K(\boldsymbol{x}, \boldsymbol{z}) = (\boldsymbol{x}^{\mathrm{T}}\boldsymbol{z})^2 = \left(\sum_{i=1}^{m} x_i z_i\right)\left(\sum_{j=1}^{m} x_j z_j\right) = \sum_{i=1}^{m}\sum_{j=1}^{m} x_i y_j z_i z_j$$

$$= \sum_{i=1}^{m}\sum_{j=1}^{m} (x_i x_j)(z_i z_j) = \Phi(\boldsymbol{x})^{\mathrm{T}}\Phi(\boldsymbol{z})$$

这里的 Φ 指的是如下映射(维数 $n=3$ 时)：

$$\Phi(\boldsymbol{x}) = \begin{bmatrix} x_1 x_1 \\ x_1 x_2 \\ x_1 x_3 \\ x_2 x_1 \\ x_2 x_2 \\ x_2 x_3 \\ x_3 x_1 \\ x_3 x_2 \\ x_3 x_3 \end{bmatrix}$$

也就是说核函数 $K(\boldsymbol{x}, \boldsymbol{z}) = (\boldsymbol{x}^{\mathrm{T}}\boldsymbol{z})^2$ 只能在选择这样的 Φ 作为映射时才能等价于映

射后特征的内积。此处用三维向量的核函数代表了 9 维向量的内积，大大减小了运算量。

对核函数进行一句概括即：不同的核函数用原始特征不同的非线性组合来拟合分类曲面。核函数形式将在 5.2 节进行介绍。

SVM 还有一个问题，我们回到线性分类器，在训练线性最小间隔分类器时，如果样本线性可分可以得到正确的训练结果，但如果样本线性不可分，那么目标函数无解，会出现训练失败。而在实际应用中这种现象是很常见的，所以 SVM 引入了松弛变量：

$$\Phi(w, \xi) = \frac{1}{2} \| w \|^2 + c \sum_{i=1}^{l} \xi$$

$$w^T x_i + b \geqslant +1 - \xi_i \quad y_i = +1$$

$$w^T x_i + b \leqslant -1 + \xi_i \quad y_i = -1$$

$$\xi_i \geqslant 0 \quad \forall i$$

c 值有着明确的含义：选取大的 c 值，意味着更强调最小化训练错误。非线性分类有相同的做法，这里不再赘述。

5.2　支持向量机的核函数选择

采用不同的内积函数将导致不同的支持向量机算法，目前得到研究的内积函数形式主要有三类，它们都与已有的方法有对应关系。

（1）采用多项式形式的内积函数，即

$$K(x, x_i) = \left[(x \cdot x_i) + 1 \right]^q \tag{5-19}$$

此时得到的支持向量机是一个 q 阶多项式分类器。

（2）采用核函数型内积：

$$K(x, x_i) = \exp \left\{ - \frac{\mid x - x_i \mid^2}{\sigma^2} \right\} \tag{5-20}$$

得到的支持向量机是一种径向基函数分类器。它与传统径向基函数（RBF）方法的基本区别是，这里每一个基函数的中心对应于一个支持向量，它们以及输出权值都是由算法自动确定的。

（3）采用 S 形函数作为内积，如

$$K(x, x_i) = \tanh(v(x \cdot x_i) + c) \tag{5-21}$$

则支持向量机实现的就是一个两层的多层感知器神经网络，只是在这里不但网络的权值，而且网络的隐层节点数目也是由算法自动确定的。

与统计学习理论中的其他很多结论一样，虽然支持向量机方法是通过分类问题提出的，但它同样可以通过定义适当的损失函数推广到连续函数拟合问题中。

目前关于支持向量机的研究除了理论研究外主要集中在对它和一些已有方法进行实验对比研究。比如贝尔实验室利用美国邮政标准手写数字库进行的对比实验，这是一个可识别性比较差的数据库，每个样本数字都是 16×16 的点阵（即 256 维），训练集共 7300 个样本，测试集有 2000 个样本。表 5-1 是用人工和几种传统方法得到的分类器的测试结果,其中两层神经网络的结果是取多个两层神经网络中的最好者,而 LeNet1 是一个专门针对这个手写数字识别问题设计的 5 层神经网络。

表 5-1 传统方法对美国邮政手写数据库的识别结果

分 类 器	测试错误率
人工分类	2.5%
决策树方法	16.2%
两层神经网络	5.9%
LeNet1	5.1%

对于这组数据,分别采用三种内积函数的支持向量机进行了实验。实验用的有关参数和结果如表 5-2 所示。

表 5-2 三种支持向量机实验结果

支持向量机类型	内积函数中的参数	支持向量个数	测试错误率
多项式内积	$q=3$	274	4.0%
径向基函数内积	$\sigma^2=0.3$	291	4.1%
Sigmoid 内积	$b=2,c=1$	254	4.2%

这个实验一方面初步说明了 SVM 方法较传统方法有明显的优势,同时也说明不同的 SVM 方法可以得到性能相近的结果(不像神经网络那样十分依赖于对模型的选择)。另外,实验中还得到三种不同的支持向量机,最终得出的支持向量都只是总训练样本中很少的一部分,而且三组支持向量中有 80% 以上是重合的,也说明支持向量本身对不同的方法具有一定的不敏感性。遗憾的是这些诱人的结论目前都仅仅是有限实验中观察到的现象,如果能够证明它们确实是正确的,将会使支持向量机的理论和应用有巨大的突破。

此外,支持向量机有一些免费软件,如 LIBSVM、SVM^{light}、mySVM、MATLAB SVM Toolbox 等。其中,LIBSVM 是台湾大学林智仁副教授等开发设计的一个简单、易于使用和快速有效的 SVM 模式识别与回归的软件包,它不仅提供了编译好的可在 Windows 系列系统下运行的执行文件,还提供了源代码。

5.3 支持向量机的实例

下面用台湾林智仁所做的 SVM 工具箱来做一个简单的分类,这个工具箱能够给出分类的精度和每类的支持向量,但是 MATLAB 工具箱不能画出分类面,我们不妨用训练样本点作为输入来测试模型的性能。试验程序和结果如图 5-5 和图 5-6 所示。

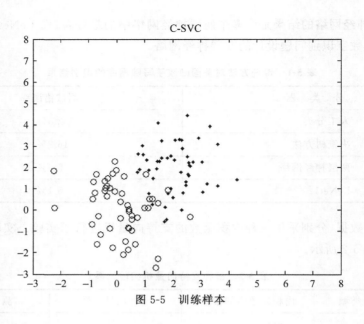

图 5-5　训练样本

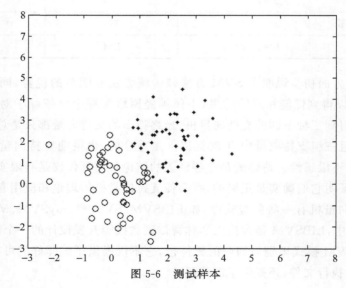

图 5-6　测试样本

分类器分类情况如下。

```
N=50;
n=2*N;
x1=randn(2,N);
y1=ones(1,N);
x2=2+randn(2,N);
y2=-ones(1,N);
figure;
plot(x1(1,:),x1(2,:),'o',x2(1,:),x2(2,:),'k.');
```

```
axis([-3 8 -3 8]);
title('C-SVC')
hold on;
X1=[x1, x 2];
Y1=[y1,y2];
X=X1';
Y=Y1';

model=svmtrain(Y,X);
Y_later=svmpredict(Y,X,model);
%C1num=sum(Y_later > 0);
%C2num=2*N-C1num;
%
%x3=zeros(2,C1num);
%x4=zeros(2,C2num);

figure;
for i=1:2*N
    if Y_later(i)>0
        plot(X1(1,i),X1(2,i),'o');
        axis([-3 8 -3 8]);
        hold on
    else
        plot(X1(1,i),X1(2,i),'k.');
        hold on
    end
end
```

进一步,关于最优和广义最优分类面的推广能力,有下面的结论。

定理 5.1　如果一组训练样本能够被一个最优分类面或广义最优分类面分开,则对于测试样本分类错误率的期望的上界是训练样本中平均的支持向量占总训练样本数的比例,即

$$E(P(\text{error})) \leqslant \frac{E[\text{支持向量机}]}{\text{训练样本总数} - 1} \tag{5-22}$$

因此,支持向量机的推广性也是与变换空间的维数无关的,只要能够适当地选择一种内积定义,构造一个支持向量数相对较少的最优或广义最优分类面,就可以得到较好的推广性。

在这里,统计学习理论使用了与传统方法完全不同的思路,即不是像传统方法那样首先试图将原输入空间降维(即特征选择和特征变换),而是设法将输入空间升维,以求在高维空间中问题变得线性可分(或接近线性可分);因为升维后只是改变了内积运算,并没有使算法复杂性随着维数的增加而增加,而且在高维空间中的推广能力并不受维数影响,因此这种方法才是可行的。

5.4　多类支持向量机

SVM 最初是为两类问题设计的，当处理多类问题时，就需要构造合适的多类分类器。目前，构造 SVM 多类分类器的方法主要有两类：一类是直接法，通过对原始最优化问题进行适当改变，从而同时计算出所有分类决策函数。这种方法看似简单，但其计算复杂度比较高，实现起来比较困难，只适用于小型问题中；另一类是间接法，主要是通过组合多个二分类器来实现多分类器的构造，常见的方法有一对多法和一对一法两种。

（1）一对多法（One-Versus-Rest，OVR SVMs）。每次进行训练时，把指定类别的样本归为一类，其他剩余的样本归为另一类，这样 N 个类别的样本就构造出了 N 个 SVM 分类器。对未知样本进行分类时，具有最大分类函数值的那类作为其归属类别。

（2）一对一法（One-Versus-One，OVO SVMs）。这种方法是在任意两类样本之间设计一个 SVM 分类器，因此 N 个类别的样本就需要设计 $N(N-1)/2$ 个 SVM 分类器。当对未知样本进行分类时，使用"投票法"，最后得票最多的类别即为该未知样本的类别。

小　　结

SVM 以统计学习理论作为坚实的理论依据，具有很多优点，如基于结构风险最小化，克服了传统方法的过学习和陷入局部最小的问题，具有很强的泛化能力；采用核函数方法，向高维空间映射时并不增加计算的复杂性，又有效地克服了维数灾难问题，但同时也要看到目前 SVM 研究的一些局限性。

（1）SVM 的性能很大程度上依赖于核函数的选择，但没有很好的方法指导针对具体问题的核函数选择。

（2）训练测试 SVM 的速度和规模是另一个问题，尤其是对实时控制问题，速度是一个对 SVM 应用的很大限制因素。针对这个问题，Platt 和 Keerthi 等分别提出了 SMO（Sequential Minimization Optimization）和改进的 SMO 方法，但还值得进一步研究。

（3）现有 SVM 理论仅讨论具有固定惩罚系数 C 的情况，而实际上正负样本的两种误判往往造成的损失是不同的。

第 6 章　AdaBoost

引　言

　　机器学习中,决策树是一个预测模型,它代表的是对象属性与对象值之间的一种映射关系,是一种依托于分类、训练上的预测树,自提出以来一直被誉为机器学习与数据挖掘领域的经典算法。模型组合(比如说有 Boosting,Bagging 等)与决策树相结合的算法比较多,这些算法最终的结果是生成 N(可能会有几百棵以上)棵树,这样可以大大减少单决策树带来的弊病,有点儿类似于三个臭皮匠等于一个诸葛亮的做法。虽然这几百棵决策树中的每一棵相对于 C4.5 这种单决策树来说都很简单,但是它们组合起来却是很强大的。如 ICCV 2009 年的论文集里面有不少的文章都是与 Boosting 和随机森林相关的。模型组合与决策树相结合的算法有两种比较基本的形式——AdaBoost 与随机森林,其中,AdaBoost 是 Boosting 的典型代表,Random Forest 是 Bagging 的典型代表。其他的比较新的算法都是来自这两种算法的延伸。无论是单决策树还是经过模型组合的衍生算法,都同时具有分类和回归两个方面的应用。在本文中,将主要针对在分类中的应用介绍 AdaBoost 和随机森林这两种基于决策树的经典算法的基本原理、实现及应用。

6.1　AdaBoost 与目标检测

6.1.1　AdaBoost 算法

　　俗话说"三个臭皮匠赛过诸葛亮""失败乃成功之母",AdaBoost 算法的基本思想就是将大量分类能力一般的弱分类器通过一定方法叠加起来,构成一个分类能力很强的强分类器,如下式所示:

$$F(\boldsymbol{x}) = a_1 f_1(\boldsymbol{x}) + a_2 f_2(\boldsymbol{x}) + a_3 f_3(\boldsymbol{x}) + \cdots$$

其中, $\boldsymbol{x}$ 是特征向量, $f_1(\boldsymbol{x})$,$f_2(\boldsymbol{x})$,$f_3(\boldsymbol{x})\cdots$ 是弱分类器,即"臭皮匠", a_1,a_2,$a_3\cdots$ 是权重, $F(\boldsymbol{x})$ 是强分类器。

　　如图 6-1 所示,图 6-1(a)中有一些待分类的样本,每一个样本,即数据点,都有一个类标签和一个权重,其中黑色/深色代表+1 类,灰色/浅色代表-1 类,权重均为 1。图 6-1(b)中直线代表了一个简单的二值分类器,图 6-1(c)中通过调整阈值得到了一个错误率最低的二值分类器,这个弱分类器分类能力比随机分类强。图 6-1(d)中更新了样本的权值,即增大了被错误分类样本的权值, $\omega_t \leftarrow \omega_t \exp\{-y_t H_t\}$,这样得到了一个新的数据分布。图 6-1(e)～图 6-1(h)根据新的数据分布,寻找错误率最低的二值分类器,重复以上过程,将弱分类器不断加入强分类器中,得到了图 6-1(h)中的强分类器。这个强的线性分类器是弱的线性分类器的并联。

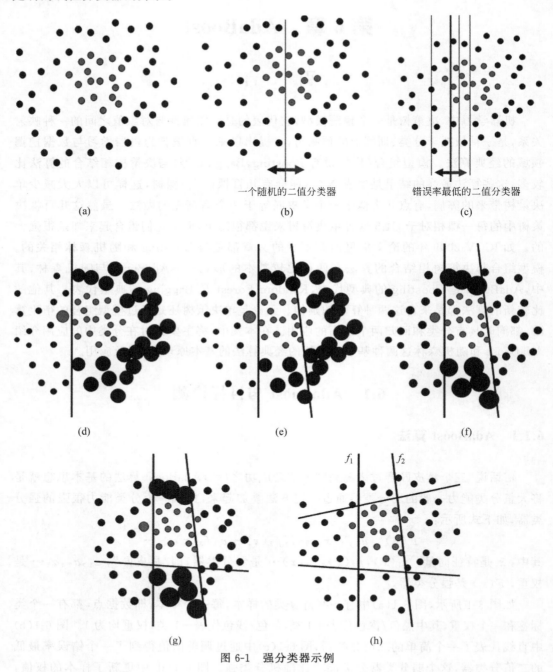

图 6-1　强分类器示例

算法描述如下。

已知有 n 个训练样本 $(x_1, y_1), \cdots, (x_n, y_n)$ 的训练集,其中 $y_i = \{-1, +1\}$($i = 1$,

$2,\cdots,n$）对应样本的假和真。在训练样本中共有 M 个负样本，L 个正样本，待分类物体有 K 个简单特征，表示为 $f_j(\bullet)$，其中 $1\leqslant j\leqslant K$。对于第 i 个样本 x_i，它的 K 个特征的特征值为 $\{f_1(x_i),f_2(x_i),\cdots,f_k(x_i)\}$，对每一个输入的特征的特征值 f_j 有一个简单二值分类器。第 j 个特征的弱分类器由一个阈值 θ_j、一个特征值 f_j 和一个指示不等式方向的偏置 p_j（只有 ±1 两种情况）构成。

$$h_j=\begin{cases}1,&p_jf_f\leqslant p_j\theta_j\\-1,&\text{其他}\end{cases}$$

$h_j=1$ 表示第 j 个特征判断此样本为真样本，反之则判断为假样本。

训练目标是通过对判断得出的真假样本进行分析，选择分类错误率最低的 T 个弱分类器，最终优化组合成一个强分类器。

训练方法如下：对于 n 个给定学习样本 $(x_1,y_1),\cdots,(x_n,y_n)$，其中 $x_i\in X,y_i\in Y=\{-1,+1\}$，设 n 个样本中有 M 个负样本，L 个正样本。

6.1.2　初始化

设 $D_{t,i}$ 为第 t 次循环中第 i 个样本的误差权重，对训练样本的误差权重按如下公式初始化：对于 $y_i=-1$ 的样本，$D_{1,i}=1/2M$；对于 $y_i=1$ 的样本，$D_{1,i}=1/(2L)$。

对 $t=1,\cdots,T$

（1）值归一化，使得 $D_{t,i}$ 为 $D_{t,i}\leftarrow D_{t,i}\Big/\sum_{j=1}^{n}D_{t,j}$，$D_{t,i}$ 是一个概率分布。

（2）对于每个特征 j，训练出其弱分类器 h_j 也就是确定阈值 θ_j 和偏置 p_j，使得特征 j 的误差函数 $\varepsilon_j=\sum_{i=1}^{n}D_{t,i}\,|h_j(x_i)-y_i|$ 达到本次循环中的最小。

（3）从（2）确定的所有弱分类器中找出一个具有最小误差函数的弱分类器 h_t，其误差函数为 $\varepsilon_t=P_{r_i\sim D_i}[h_j(x_i\neq y_i)]=\sum_{i=1}^{n}D_{t,i}\,|h_j(x_i)-y_i|$，并把该弱分类器 h_t 加入到强分类器中。

（4）更新每个样本所对应的权值，$D_{t+1,i}=D_{t,i}\beta_t^{1-e_i}$，$e_i$ 确定的方法为第 i 个样本 x_i 被正确分类，则 $e_i=0$；反之 $e_i=1$。$\beta_t=\varepsilon_t/(1-\varepsilon_t)$。

经过 T 轮训练后，可以得到由 T 个弱分类器并联形成的强分类器：

$$H_{\text{final}}(x)=\text{sgn}\left(\sum_{t=1}^{T}\alpha_th_t(x)\right)=\begin{cases}1,&\sum_{t=1}^{T}\alpha_th_t(x)\geqslant0.5\sum_{t=1}^{T}\alpha_t\\-1,&\text{其他}\end{cases}$$

其中 $\alpha_t=\log(1/\beta_t)$。

上述流程中，α_t 是弱假设，$H_{\text{final}}(x)$ 是最终假设，是 T 个弱假设 h_t 的权重 α_t 投票出的硬假设。ε_t 是 h_t 的训练误差，D_t 是 h_t 的概率分布。

弱学习器的工作是寻找一个对于概率分布 D_t 适当的弱学习假设 $h_t:X\to\{-1,$

$+1\}$，弱假设的适应度由它的误差来度量 $\varepsilon_t = P_{r_i \sim D_i}[h_j(x_i \neq y_i)]$。误差 ε_t 与弱学习器上的分布 D_t 有关。实践中，弱学习器由训练样本上的权重 D_t 来计算。

一旦弱学习假设 h_t 成立，AdaBoost 就选择一个参数 β_t，β_t 直接与 α_t 相关，而 α_t 是 h_t 的权重。$\varepsilon_t \leqslant 1/2$，则 $\dfrac{\varepsilon_t}{1-\varepsilon_t} < 1$，$\beta_t < 1$，即正确分类的样本权重变小了，并且 ε_t 越小，β_t 就越小；同时 $\alpha_t \geqslant 0$，并且 ε_t 越小，α_t 越大。

初始化时，所有权值均被设置为相等。在每次循环之后，样本的权值被重新分配，被错误分类的样本权重被增加，而正确分类样本的权重被减少。这样做的目的是对前一级中被错误分类的样本进行重点学习。强分类器由各个弱分类器权重的线性组合投票得来，并最终由一个阈值决定。

$$H_{\text{final}}(x) = \begin{cases} 1, & \text{sgn}\left(\sum_{t=1}^{T} \alpha_t h_t(x)\right) > \theta \\ -1, & \text{其他} \end{cases}$$

把 ε_t 写作 $1/2 - \gamma_t$，那么 training error $(H_{\text{final}}(x)) \leqslant \exp\left(-2\sum_t \gamma_t^2\right)$，于是，如果有 $\forall t: \gamma_t \geqslant \gamma > 0$，那么 training error $(H_{\text{final}}(x)) \leqslant e^{-2\gamma^2 T}$。AdaBoost 适用面较广，因为它不需要事先知道 γ 或者 T，并且能使得 $\gamma_t \gg \gamma$。

但是事实上，我们关心的不是训练集的误差，而是测试集的误差。那么随着训练次数的增多，会不会出现过度拟合？是不是如 Occam's razor 所说，简单的就是最好的呢？

实际上，经典意义下的结果如图 6-2 所示，这是在"letter"数据集上 boosting C4.5 的结果。

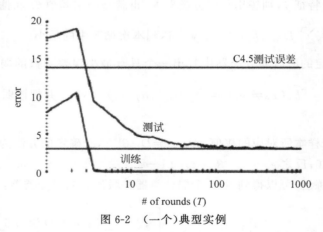

图 6-2 （一个）典型实例

我们看到测试集的错误率随着训练轮次的增加并没有增加，甚至在 1000 轮训练之后也没有。测试集错误率甚至在训练误差为零的时候继续减少。

那么，AdaBoost 总是会最大化分类间隔吗？不是的。AdaBoost 训练出的分类间隔可能明显小于最大值（R，Daubechies，Schapire 04）。如果最终训练出了一个比较简单的分类器，那有没有可能压缩它？或者说能不能不通过 boosting 得到一个简单的分类器？

考虑如图 6-3 所示的异或问题，x_2 和 x_1 分别是样本 x 第一维和第二维的值。如图 6-4 所示 $h_1(x) \sim h_8(x)$ 是 8 个简单二值分类器。

$$\begin{cases} (x_1=(0,+1), y_1=+1) \\ (x_2=(0,-1), y_2=+1) \\ (x_3=(+1,0), y_3=-1) \\ (x_4=(-1,0), y_4=-1) \end{cases}$$

图 6-3　异或问题

$$h_1(x)=\begin{cases} +1, & x_1>-0.5 \\ -1, & \text{其他} \end{cases} \qquad h_2(x)=\begin{cases} -1, & x_1>-0.5 \\ +1, & \text{其他} \end{cases}$$

$$h_3(x)=\begin{cases} +1, & x_1>+0.5 \\ -1, & \text{其他} \end{cases} \qquad h_4(x)=\begin{cases} -1, & x_1>+0.5 \\ +1, & \text{其他} \end{cases}$$

$$h_5(x)=\begin{cases} +1, & x_2>-0.5 \\ -1, & \text{其他} \end{cases} \qquad h_6(x)=\begin{cases} -1, & x_2>-0.5 \\ +1, & \text{其他} \end{cases}$$

$$h_7(x)=\begin{cases} +1, & x_2>+0.5 \\ -1, & \text{其他} \end{cases} \qquad h_8(x)=\begin{cases} 1, & x_2>+0.5 \\ +1, & \text{其他} \end{cases}$$

图 6-4　简单二值分类器

下面看看 AdaBoost 是如何训练强分类器的。

（1）第一步是调用基于初始样本集的基本学习法则，即简单二值分类器。h_2、h_3、h_5 和 h_8 均有 0.25 的分类误差，假设选 h_2 作为第一个分类器。于是，x_1 被错误分类，也就是误差率为 $1/4=0.25$。h_2 的权重是 $0.5\ln3 \approx 0.55$。

（2）样本 x_1 的权重增加，简单二值分类器再次被调用。这时候，h_3、h_5 和 h_8 具有相同的分类误差。假设选择 h_3，得到其权重为 0.80。

（3）样本 x_3 的权重增加，这时候只有 h_5 和 h_8 同时具有最低的误差率。假设选择 h_5，得到其权重为 1.10。这样就能把以上步骤所得到的弱分类器及其权重投票出一个强分类器，这时形成的强分类器就能将所有样本正确分类。这样，通过一些弱的不完美的线性分类器的结合，AdaBoost 就能训练得到一个非线性的零错误率的强分类器。

6.2　具有强鲁棒性的实时目标检测

6.2.1　矩形特征选取

如图 6-5 所示，矩形特征主要有三类。

两矩形特征，如图 6-5（a）和图 6-5（b）所示，分为左右结构和上下结构，可表示边缘信息。

三矩形特征，如图 6-5（c）所示，分为左中右结构（还有一种，上中下结构），可以表示线条信息。

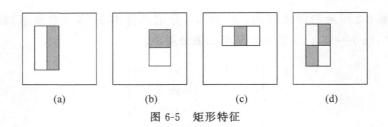

图 6-5 矩形特征

四矩形特征，如图 6-5(d)所示，4 个矩形的对角结构，可以表示斜向边界信息。

在一个 24×24 的基本检测窗口上，不同类别的特征和不同尺度的特征的数量可以达到 49 396 个。在分类特征的选取上，从计算机对识别的实时性要求上考虑，特征的选择要尽量简单，特征结构不能过于复杂，计算代价要小。与更具表现力、易操纵的过滤器截然相反的是，采用矩形特征背后的动机是其强大的计算效率。

6.2.2 积分图

定义每一幅图像的每个像素灰度为 $i(x,y)$，那么该幅图像的积分图中的每个像素值 $ii(x,y)$ 表示为

$$ii(x,y) = \sum_{x' \leqslant x, y' \leqslant y} i(x',y')$$

即图 6-6 中点 (x,y) 的积分图值为灰色矩形区域的像素灰度值求和。

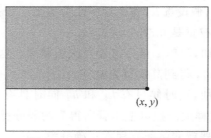

(x,y)

图 6-6 点 (x,y) 积分图像值

对于一幅图像在任意点的积分图值，可以通过对行和列的累加一次循环得到。

$$s(x,y) = s(x,y-1) + i(x,y)$$
$$ii(x,y) = ii(x-1,y) + s(x,y)$$

其中，$s(x,y)$ 为点 (x,y) 所在位置的列积分值，但不包含 (x,y) 点的值。迭代初始时 $s(x,-1)=0, ii(-1,y)=0$。利用积分图可以方便地对图像中任意一个矩形内的灰度值求和。

例如，对图 6-7 中的矩形 D 区域灰度值求和就可以用 $ii(4)+ii(1)-ii(2)-ii(3)$。这样利用 6 个、8 个、9 个相应参考区域就能方便地计算出两矩形、三矩形、四矩形特征。

给定一组特征和具有类别标签的图片训练集，可以应用多种机器学习方法。然而每一个图片窗口中有 45 396 个特征，因此所有特征的计算量是不可想象的，需要一种相当

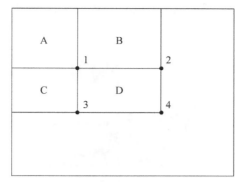

图 6-7　像素灰度值的求和

贪婪的学习算法,要将绝大多数的特征都排除掉。如何从众多数量巨大的特征中选取较少的有效特征就成为一个挑战。

6.2.3　训练结果

　　如图 6-8 所示,其表明当允许一个低的虚假正确率接近10^{-4},检测率能够达到 0.95。AdaBoost 的训练过程就是一个从众多数量巨大的特征中选取较少的有效特征。对于人脸检测来讲,由 AdaBoost 最初所选择的矩形特征是至关重要的,并有实际物理意义。图 6-9 是Viola 等通过学习过程中得到的位于第一位和第二位的特征。第一个特征表示了

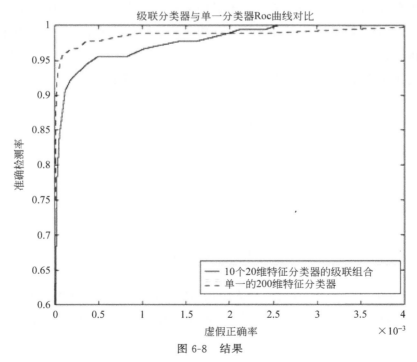

图 6-8　结果

人眼的水平区域，要比面颊上部区域的灰度暗一些；第二个特征用于区分人的双眼和鼻梁部位的明暗边界。

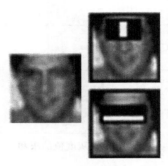

图 6-9　AdaBoost 选择的特征

通过不断修改最终分类器的阈值，可以组建出一个两特征的分类器，其检测率为 1，虚假正确率为 0.4。

6.2.4　级联

将强分类器串联在一起形成分级分类器，每层的强分类器经过阈值调整，使得每一层都能让几乎全部的真样本通过，而拒绝很大一部分假样本。而且，由于前面的层使用的矩形特征数很少，计算起来非常快，越往后通过的候选匹配图像越少。即串联时应遵循"先重后轻"的分级分类器思想，将由更重要特征构成的结构较简单的强分类器放在前面，这样可以先排除大量的假样本。尽管随着技术的增多矩形特征在增多，但计算量却在减少，检测的速度在加快，使系统具有很好的实时性，如图 6-10 所示。

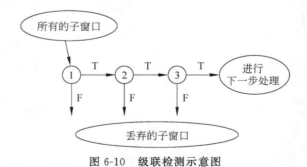

图 6-10　级联检测示意图

实验 4916 个人脸样本是从已有的人脸数据库中选择出来的，并由人工进行裁剪，均衡，归一化成基本的 24×24 分辨率图片；1000 个负样本是从 9500 个不包含人脸的图片中随机选取的。

最后得到的检测器有 32 层、4297 个特征,如表 6-1 所示。

表 6-1　结果

层序号	1	2	3～5	6,7	8～12	13～32
特征数目	2	5	20	50	100	200
检测率	100％	100％	—	—	—	—
拒绝率	60％	80％	—	—	—	—

检测器的速度与特征数量有关。在 MIT-CMU 测试集上,平均每个窗口计算的特征个数为 4297 个特征中的 8 个。在一个常见的个人计算机上,处理一张 384×288 图片的时间是 0.067s。

测试集采用的是 MIT＋CMU 的包含 130 张图片,507 个标记的正脸的人正脸训练集。表 6-2 中的结果是与已知的几个最好的人脸检测器检测能力的比较。

表 6-2　分类能力比较

虚警率	10	31	50	65	78	95	110	167	422
Viola-Jones	78.3％	85.2％	88.8％	89.8％	90.1％	90.8％	91.1％	91.8％	93.7％
Rowley-Baluja-Kanade	83.2％	86.0％	—	—	—	89.2％	—	90.1％	89.9％
Schneiderman-Kanade	—	—	—	94.4％	—	—	—	—	—
Roth-Yang-Ajuha	—	—	—	—	94.8％	—	—	—	—

6.3　运用统计学的目标检测

AdaBoost 算法的基本思想就是将大量的分类能力一般的弱分类器通过一定方法叠加起来,构成一个分类能力很强的强分类器。AdaBoost 允许设计者不断地加入新的弱分类器,直到达到某个预定的足够小的误差率。理论证明,只要每个弱分类器分类能力比随机猜测要好,当弱分类器个数趋向于无穷时,强分类器的错误率将趋于零。在 AdaBoost 算法中,每个训练样本都被赋予一个权重,表明它被某个分量分类器选入训练集的概率。如果某个样本点已经被准确地分类,那么在构造下一个训练集中,它被选中的概率就被降低;相反,如果某个样本点没有被正确分类,那么它的权重就得到提高。通过几轮这样的训练,AdaBoost 算法能够"聚焦于"那些较困难(更富信息)的样本上,综合得出用于目标检测的强分类器。Hansen 和 Salamon 证明,采用集成方法能够有效地提高系统的泛化能力。在实际应用中,由于各个独立的分类器并不能保证错误不相关,因此,分类器集成的效果与理想值相比有一定的差距,但是提高泛化能力的作用仍然相当明显。

6.4 随机森林

6.4.1 原理阐述

随机森林，顾名思义，是用随机的方式建立一个森林，森林里面有很多的决策树，随机森林的每一棵决策树之间是没有关联的。在得到森林之后，当有一个新的输入样本进入的时候，就让森林中的每一棵决策树分别进行一下判断，看看这个样本应该属于哪一类，然后看看哪一类被选择最多，就预测这个样本为哪一类，也就是选择一个众数作为最终的分类结果。

6.4.2 算法详解

在建立每一棵决策树的过程中，有两点需要注意：采样与完全分裂。首先是两个随机采样的过程，随机森林对输入的数据要进行行、列的采样。对于行采样，采用有放回的方式，也就是在采样得到的样本集合中，可能有重复的样本。假设输入样本为 N 个，那么采样的样本也为 N 个。这样使得在训练的时候，每一棵树的输入样本都不是全部的样本，使得相对不容易出现过拟合。然后进行列采样，从 M 个分类特征中，随机选择 m 个 $(m << M)$。

对采样之后的数据使用完全分裂的方式建立决策树，这样决策树的某一个叶子节点要么是无法继续分裂的，要么里面的所有样本都是指向同一个分类。一般很多的决策树算法都有一个重要的步骤，就是剪枝，但是随机森林中不采用剪枝，由于之前的两个随机采样的过程保证了随机性，所以即使不剪枝，也不会出现过拟合的现象。

按这种算法得到的随机森林中的每一棵树都是很弱的，但是所有的树组合起来就形成了一个强大的分类器。可以这样比喻随机森林算法：每一棵决策树就是一个精通于某一个窄领域的专家（因为我们从 M 个特征中随机选择 m 个让每一棵决策树进行学习），这样在随机森林中就有了很多个精通不同领域的专家，对一个新的问题（新的输入数据），可以用不同的角度去看待它，分析它，最终由各个专家投票得到结果。

6.4.3 算法分析

1. Out-of-Bag（OOB）错误估计

在构造单棵决策树时只是随机有放回地抽取了 N 个样例，所以可以用没有抽取到的样例来测试这棵决策树的分类准确性，这些样例大概占总样例数目的三分之一。所以对于每个样例 j，都有大约三分之一的决策树（记为 $SetT(j)$）在构造时没用到该样例，就用这些决策树来对这个样例进行分类。对于所有的训练样例 j，用 $SetT(j)$ 中的树组成的森林对其分类,然后看其分类结果和实际的类别是否相等,不相等的样例所占的比例就是 OOB 错误估计。OOB 错误估计被证明是无偏的。

2. 特征重要性评估

特征重要性是一个定义起来比较困难的概念,因为一个变量的重要性可能是与它和其他变量之间的相互作用有关。随机森林算法通过观察当测试特征的 OOB 数据被置换而其他的特征的 OOB 数据不变的情况下,根据预测误差的增加量来评估该测试特征的重要性。在随机森林的构建过程中,需要对每棵树逐一进行必要的运算。在分类算法中随机森林有 4 种评估特征重要性的方法。具体可参考 Breiman (2002)的文章 *random forest－machine learning*。

随机森林在运算量没有显著提高的前提下提高了预测精度,可以很好地预测多达几千个解释变量的作用,被誉为当前最好的算法之一。它有很多的优点。

(1) 在数据集上表现良好,实现比较简单。

(2) 在当前的很多数据集上,相对其他算法有着很大的优势。

(3) 它能够处理很高维度(特征很多)的数据,并且不用做特征选择。

(4) 在训练完后,它能够给出哪些特征比较重要。

(5) 在创建随机森林的时候,对泛化误差使用的是无偏估计。

(6) 训练速度快。

(7) 在训练过程中,能够检测到特征间的互相影响。

(8) 容易做成并行化方法。

小　　结

在当今的现实生活中存在着很多种微信息量的数据,如何采集这些数据中的信息并进行利用,成为数据分析领域里一个新的研究热点。机器学习方法是处理这样的数据的理想工具,本章主要介绍了 AdaBoost 和随机森林算法。AdaBoost 是一种迭代算法,其核心思想是针对同一个训练集训练不同的分类器(弱分类器),然后把这些弱分类器集合起来,构成一个更强的最终分类器(强分类器)。其算法本身是通过改变数据分布来实现的,它根据每次训练集之中每个样本的分类是否正确,以及上次的总体分类的准确率,来确定每个样本的权值。将修改过权值的新数据集送给下层分类器进行训练,最后将每次训练得到的分类器融合起来,作为最后的决策分类器。随机森林以它自身固有的特点和优良的分类效果在众多的机器学习算法中脱颖而出。随机森林算法的实质是一种树预测器的组合,其中每一棵树都依赖于一个随机向量,森林中的所有向量都是独立同分布的。

第7章 压缩感知

引 言

随着当前信息需求量的日益增加,信号带宽越来越宽,在信息获取中对采样速率和处理速度等提出越来越高的要求,因而对宽带信号处理的困难在日益加剧。在奈奎斯特(Nyquist)采样定理为基础的传统数字信号处理框架下,若要从采样得到的离散信号中无失真地恢复模拟信号,采样速率必须至少是信号带宽的两倍。例如,在高分辨率地理资源观测中,其巨量数据传输和存储就是一个艰难的工作。与此同时,在实际应用中,为了降低存储、处理和传输的成本,人们常采用压缩方式以较少的比特数表示信号,大量的非重要的数据被抛弃,这种高速采样再压缩的过程浪费了大量的采样资源。大部分冗余信息在采集后被丢弃造成采样时很大的资源浪费。我们希望找到一种直接感知压缩后的信息的方法,压缩感知完美地解决了这个问题,只要信号在某一个正交空间具有稀疏性(即可压缩性),就能以较低的频率(远低于奈奎斯特采样频率)采样该信号,并可能以高概率重建该信号。

7.1 压缩感知理论框架

传统的信号采集、编码、解码过程如图 7-1 所示。编码端先对信号进行采样,再对所有采样值进行变换,并将其中重要系数的幅度和位置进行编码,最后将编码值进行存储或传输;信号的解码过程仅仅是编码的逆过程,接收的信号经解压缩、反变换后得到恢复信号。采用这种传统的编解码方法,由于信号的采样速率不得低于信号带宽的两倍,使得硬件系统面临着很大的采样速率的压力。此外,在压缩编码过程中,大量变换计算得到的小系数被丢弃,造成了数据计算和内存资源的浪费。

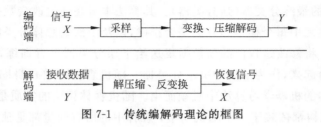

图 7-1 传统编解码理论的框图

压缩感知理论对信号的采样、压缩编码发生在同一个步骤,利用信号的稀疏性,以远低于 Nyquist 采样率的速率对信号进行非自适应的测量编码,如图 7-2 所示,测量值并非信号本身,而是从高维到低维的投影值,从数学角度看,每个测量值是传统理论下的每个样本信号的组合函数,即一个测量值已经包含所有样本信号的少量信息。解码过程不是编码的简单逆过程,而是在盲源分离中的求逆思想下,利用信号稀疏分解中已有的重构方法在概率意义上实现信号的精确重构或者一定误差下的近似重构。解码所需测量值的数目远小于传统理论下的样本数。

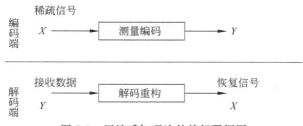

图 7-2 压缩感知理论的编解码框图

压缩感知理论与传统奈奎斯特采样定理不同,它指出只要信号是可压缩的或在某个变换域是稀疏的,那么就可以用一个与变换基不相关的观测矩阵将变换所得高维信号投影到一个低维空间上,然后通过求解一个优化问题就可以从这些少量的投影中以高概率重构出原信号,可以证明这样的投影包含重构信号的足够信息。在该理论框架下,采样速率不决定于信号的带宽,而决定于信息在信号中的结构和内容。

7.2　压缩感知的基本理论及核心问题

7.2.1　压缩感知的数学模型

假设有一信号 $f(f \in R^{N \times 1})$,长度为 N,基向量为 $\psi_i(i=1,2,\cdots,N)$,对信号进行变换:

$$f = \sum_{i=1}^{N} a_i \psi_i \quad \text{或} \quad f = \boldsymbol{\Psi} \alpha \tag{7-1}$$

这里 $\boldsymbol{\Psi} = (\psi_1, \psi_2, \cdots, \psi_N) \in R^{N \times N}$ 为正交基字典矩阵,满足 $\boldsymbol{\Psi}\boldsymbol{\Psi}^{\mathrm{T}} = \boldsymbol{\Psi}^{\mathrm{T}}\boldsymbol{\Psi} = I$,显然 f 是信号在时域的表示,α 是信号在 $\boldsymbol{\Psi}$ 域的表示。信号是否具有稀疏性或者近似稀疏性是运用压缩感知理论的关键问题,若式(7-1)中的 α 只有 K 个是非零值($N \gg K$)或者仅经排序后按指数级衰减并趋近于零,可认为信号是稀疏的。信号的可稀疏表示是压缩感知的先验条件。在已知信号是可压缩的前提下,压缩感知过程可分为以下两步。

(1)设计一个与变换基不相关的 $M \times N(M \ll N)$ 维测量矩阵对信号进行观测,得到 M 维的测量向量。

(2)由 M 维的测量向量重构信号。

7.2.2　信号的稀疏表示

稀疏的数学定义:信号 X 在正交基 $\boldsymbol{\Psi}$ 下的变换系数向量为 $\boldsymbol{\Theta} = \boldsymbol{\Psi}^{\mathrm{T}} X$,假如对于

$0 < p < 2$ 和 $R > 0$，这些系数满足：

$$\| \boldsymbol{\Theta} \|_p \equiv \left(\sum_i |\theta_i|^p \right)^{1/p} \leqslant R \tag{7-2}$$

则说明系数向量 $\boldsymbol{\Theta}$ 在某种意义下是稀疏的，如果变换系数 $\theta_i = <\boldsymbol{X}, \boldsymbol{\Psi}_i>$ 的支撑域 $\{i; \theta_i \neq 0\}$ 的势小于等于 K，则可以说信号 X 是 K 项稀疏。如何找到信号最佳的稀疏域是压缩感知理论应用的基础和前提，只有选择合适的基表示信号才能保证信号的稀疏度，从而保证信号的恢复精度。在研究信号的稀疏表示时，可以通过变换系数衰减速度来衡量变换基的稀疏表示能力。Candes 和 Tao 研究表明，满足具有幂次速度衰减的信号，可利用压缩感知理论得到恢复。

最近几年，对稀疏表示研究的另一个热点是信号在冗余字典下的稀疏分解。这是一种全新的信号表示理论：用超完备的冗余函数库取代基函数，称为冗余字典，字典中的元素被称为原子。字典的选择应尽可能好地符合被逼近信号的结构，其构成可以没有任何限制。从冗余字典中找到具有最佳线性组合的 K 项原子来表示一个信号，称作信号的稀疏逼近或高度非线性逼近。

目前，信号在冗余字典下的稀疏表示的研究集中在两个方面：①如何构造一个适合某一类信号的冗余字典；②如何设计快速有效的稀疏分解算法。这两个问题也一直是该领域研究的热点，学者们对此已做了一些探索，其中以非相干字典为基础的一系列理论证明得到了进一步改进。

7.2.3 信号的观测矩阵

用一个与变换矩阵不相关的 $M \times N (M \ll N)$ 测量矩阵 $\boldsymbol{\phi}$ 对信号进行线性投影，得到线性测量值 y：

$$y = \boldsymbol{\phi} f \tag{7-3}$$

测量值 y 是一个 M 维向量，这样使测量对象从 N 维降为 M 维。观测过程是非自适应的即测量矩阵少的选择不依赖于信号 f。测量矩阵的设计要求信号从 f 转换为 y 的过程中，所测量到的 K 个测量值不会破坏原始信号的信息，保证信号的精确重构。

由于信号 f 是可稀疏表示的，式(7-3)可以表示为：

$$y = \boldsymbol{\phi} f = \boldsymbol{\Psi} \boldsymbol{\Phi} \alpha = \boldsymbol{\Theta} \alpha \tag{7-4}$$

其中，$\boldsymbol{\Theta}$ 是一个 $M \times N$ 矩阵。式(7-4)中，方程的个数远小于未知数的个数，方程无确定解，无法重构信号。但是，由于信号是 K 稀疏，若式(7-4)中的 $\boldsymbol{\Theta}$ 满足有限等距性质(Restricted Isometry Property, RIP)，即对于任意 K 稀疏信号 f 和常数 $\delta_k \in (0, 1)$，矩阵 $\boldsymbol{\Theta}$ 满足：

$$1 - \delta_k \leqslant \frac{\| \Theta f \|_2^2}{\| f \|_2^2} \leqslant 1 + \delta_k \tag{7-5}$$

则 K 个系数能够从 M 个测量值准确重构。RIP 性质的等价条件是测量矩阵 $\boldsymbol{\phi}$ 和稀疏基 $\boldsymbol{\Psi}$ 不相关。目前，用于压缩感知的测量矩阵主要有以下几种：高斯随机矩阵、二值随机矩阵(伯努力矩阵)、傅里叶随机矩阵、哈达玛矩阵、一致球矩阵等。

目前,对观测矩阵的研究是压缩感知理论的一个重要方面。在该理论中,对观测矩阵的约束是比较宽松的,Donoho 给出了观测矩阵所必须具备的三个条件,并指出大部分一致分布的随机矩阵都具备这三个条件,均可作为观测矩阵,如部分 Fourier 集、部分 Hadamard 集、一致分布的随机投影(Uniform Random Projection)集等,这与对有限等距性质进行研究得出的结论相一致。但是,使用上述各种观测矩阵进行观测后,仅能保证以很高的概率去恢复信号,而不能保证百分之百地精确重构信号。对于任何稳定的重构算法是否存在一个真实的确定性的观测矩阵仍是一个有待研究的问题。

7.2.4 信号的重构算法

当矩阵 $\boldsymbol{\Theta}$ 满足 RIP 准则时,压缩感知理论能够通过对式(7-4)的逆问题先求解稀疏系数 $\alpha = \boldsymbol{\Psi}^{\mathrm{T}} \boldsymbol{x}$,然后将稀疏度为 K 的信号 $\boldsymbol{x}$ 从 M 维的测量投影值 $\boldsymbol{y}$ 中正确地恢复出来。解码的最直接方法是通过 l_0 范数下求解的最优化问题:

$$\min_{\alpha} \| \boldsymbol{\alpha} \|_{l_0} \quad \text{s.t.} \ \boldsymbol{y} = \boldsymbol{\Phi}\boldsymbol{\Psi}\alpha \tag{7-6}$$

从而得到稀疏系数的估计。由于式(7-6)的求解是个 NP-HARD 问题,而该最优化问题与信号的稀疏分解十分类似,所以有学者从信号稀疏分解的相关理论中寻找更有效的求解途径。文献(*Extensions of Compressed Sensing*,2006)表明,l_1 最小范数下在一定条件下和 l_0 最小范数具有等价性,可得到相同的解。那么式(7-6)可转化为 l_1 最小范数下的最优化问题:

$$\min_{\alpha} \| \boldsymbol{\alpha} \|_{l_1} \quad \text{s.t.} \ \boldsymbol{y} = \boldsymbol{\Phi}\boldsymbol{\Psi}\alpha \tag{7-7}$$

l_1 最小范数下最优化问题又称为基追踪,其常用实现算法有:内点法和梯度投影法。内点法速度慢,但得到的结果十分准确;而梯度投影法速度快,但没有内点法得到的结果准确。二维图像的重构中,为充分利用图像的梯度结构,可修正为整体部分(Total Variation,TV)最小化法。由于 l_1 最小范数下的算法速度慢,新的快速贪婪法被逐渐采用,如匹配追踪法和正交匹配追踪法。此外,有效的算法还有迭代阈值法以及各种改进算法。

7.3 压缩感知的应用与仿真

7.3.1 应用

使用一定数量的非相关测量值能够高效率地采集可压缩信号的信息,这种特性决定了压缩感知应用的广泛性。例如低成本数码相机和音频采集设备,节电型音频和图像采集设备,天文观测,网络传输,军事地图,雷达信号处理等。以下归纳了压缩感知在几个方面的应用。

1. 数据压缩

在某些情况下，稀疏矩阵在编码中是未知的或在数据压缩中是不能实际实现的。由于测量矩阵是不需要根据编码的结构来设计的，随机测量矩阵可认为是一个通用的编码方案，而只有在解码或重建信号的时候需要用到。这种通用性在多信号装置（如传感器网络）的分布式编码中特别有用。

2. 信道编码

压缩感知的稀疏性、随机性和凸优化性，可以应用于设计快速纠错码以防止错误传输。

3. 逆问题

在其他情况下，获取信号的唯一方法是运用特定模式的测量系统 ϕ。然而，假定信号存在稀疏变换基 Ψ，并与测量矩阵 ϕ 不相关，则能够有效地感知信号。这样的应用在MR血管造影术中有提到，ϕ 记录了傅里叶变换子集，所得到的期望的图像信号在时域和小波域都是稀疏的。

4. 数据获取

在某些重要的情况下，完全采集模拟信号的 N 个离散时间样本是困难的，而且也难以对其进行压缩。而运用压缩感知，可以设计物理采样装置，直接记录模拟信号离散、低码率、不相关的测量值，有效地进行数据获取。基于RIP理论，目前已研制出了一些设备，有莱斯大学研制的单像素相机和A/I转换器，麻省理工学院研制的编码孔径相机，耶鲁大学研制的超谱成像仪，麻省理工学院研制的MRI RF脉冲设备，伊利诺伊州立大学研制的DNA微阵列传感器等。

7.3.2　人脸识别

1. 稀疏表示的描述和数学模型

原始的信号经过DCT变换后，只有极少数元素是非零的，而大部分元素都等于零或者接近于零。这就是信号的稀疏性。人脸的稀疏表示是指一张人脸图像，可以用人脸库中同一个人所有的人脸图像的线性组合表示。而对于数据库中其他人的脸，其线性组合的系数理论上为零。所以用人脸库中的数据来表示一个人的人脸图像，其系数向量应该是稀疏的。即除了和这个人身份相同的人的人脸图像组合系数不为零外，其他的系数都为零。由于基于稀疏表示的人脸识别是不需要训练的，其稀疏表示用的字典可以直接由训练所用的全部图像构成，也有一些改进算法是针对字典进行学习的。由于稀疏表示的方法对使用什么特征并不敏感，只需要把原始图像数据经过简单的处理之后排列成一个很大的向量存储到数据库里面就可以了。稀疏表示思想可抽象为如下方程式：

$$y = A \cdot X \tag{7-8}$$

其中，被表示的样本 y 可以用训练样本空间（或字典）A 的系数向量 X 表示，X 是稀疏的，即其大部分元素是 0 或接近 0。求解稀疏的系数向量 X 的过程就是 y 被稀疏表示的过程。由于 0 范数表示的是向量中非 0 元素的个数，可以将解的过程简化为：

$$X_0 = \operatorname{argmin} \| X \|_0 \quad \text{s.t. } y = A \cdot X \tag{7-9}$$

求解 0-范数 $\| X \|_0$ 最小化是一个 NP(Non-deterministic Polynomial)难问题，由于在 x 是足够稀疏时可以用 1-范数最优化凸近似代替，即 $\| X \|_1$ 是

$$X_1 = \operatorname{argmin} \| X \|_1 \quad \text{s.t. } y = A \cdot X \tag{7-10}$$

在有噪声存在等其他非理想条件下，可以通过加一个松弛的误差项，即 $y = A \cdot x + e$ 求解。式(7-10)转化为求解下面的 1-范数问题：

$$X_1 = \operatorname{argmin} \| X \|_1 \quad \text{s.t. } \| A \cdot X - y \|_2 \leqslant e \tag{7-11}$$

整个稀疏表示的问题就可以用式(7-11)来表示，即在 $\| A \cdot X - y \|_2 \leqslant e$ 的条件下求 X 的 norm-1 范数最小时的解 X_1。这个求解算法，一般比较耗时。尽管有很多的方法被提出，但是对于实时应用问题，依然无法满足要求。

2. 稀疏表示的人脸识别过程

在进行人脸识别时，将训练集和测试的样本均用字典的线性组合稀疏进行表示，将测试样本与训练集中的所有样本求余弦距离，得到的值的最大的样本就是与测试样本最匹配的人，整个稀疏表示的人脸识别过程如图 7-3 所示。

$$\operatorname{Sim}(\boldsymbol{x}_i, \boldsymbol{x}_j) = \cos\theta = \frac{\boldsymbol{x}_i^{\mathrm{T}} \cdot \boldsymbol{x}_j}{\| \boldsymbol{x}_i \|_2 \| \boldsymbol{x}_j \|_2} \tag{7-12}$$

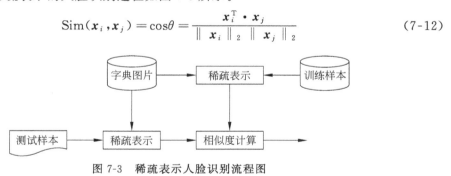

图 7-3　稀疏表示人脸识别流程图

3. 稀疏表示方法的改进

(1) 对于整体的稀疏表示容易受到遮挡问题的影响而识别率大大降低，我们提出了一种分块表示的 SRC 表示方法(B-SRC)，即将整个图像均匀分成许多相等的区域，不同的区域分别进行表示，最后集体进行投票，所有投票之和作为最后的识别判断标准，这样可以解决局部遮挡问题。对于一张有遮挡的人脸图像，遮挡部分的稀疏表示也许不准，但是只是作为一小部分的投票，不影响整体的投票结果。

$$\text{Sim}(\boldsymbol{x}_i, \boldsymbol{x}_j) = \sum_{k=1}^{m} \frac{(\boldsymbol{p}_i^k)^{\text{T}} \cdot \boldsymbol{p}_j^k}{\| \boldsymbol{p}_i^k \|_2 \| \boldsymbol{p}_j^k \|_2} \tag{7-13}$$

（2）基于 SVM 中核思想的研究，可以将在低维空间不可分的样本特征，升维到高维可分空间。识别问题即是分类问题，由于光照因素、遮挡问题、姿态、表情变化使样本改变了其空间的特征，识别不出来或识别错误相当于原来可分的变成了不可分了，鉴于此利用核 SRC 的思想来进一步改善上述方法中的性能，即为核处理的块投票的稀疏表示方法，用 KB-SRC 表示。采用下面的核，n 为大于等于 1 的数。

$$k(\boldsymbol{x}_i, \boldsymbol{x}_j) = (\boldsymbol{x}_i^{\text{T}}, \boldsymbol{x}_j)^{\frac{1}{n}} \tag{7-14}$$

小　结

本章主要阐述了压缩感知理论框架以及压缩感知技术的三大核心问题。压缩感知理论利用了信号的稀疏特性，将原来基于奈奎斯特采样定理的信号采样过程转化为基于优化计算恢复信号的观测过程。也就是利用长时间积分换取采样频率的降低，省去了高速采样过程中获得大批冗余数据然后再舍去大部分无用数据的中间过程，从而有效缓解了高速采样实现的压力，减少了处理、存储和传输的成本，使得用低成本的传感器将模拟信息转化为数字信息成为可能，这种新的采样理论将可能成为将采样和压缩过程合二为一的方法的理论基础。

第8章 子 空 间

引 言

按主成分分析的特征提取方法是近几年来的研究热点，以它为代表的方法被称为子空间学习方法。该方法主要用来进行特征提取，在人脸识别领域获得了成功应用。

在一个模式识别系统中，特征提取是重要的组成部分。所谓特征提取，就是从输入信号中提取有效特征，其最重要的特点之一是降维。具体说来，人脸图像中的特征提取就是从给定的一个输入人脸图像中提取有效信息。因为通常图片都比较大比如 64×64，通过特征提取成为 83 个点，提取的点和点之间的几何位置信息进行识别，这样才能简化模式识别系统。不同应用特征提取方法都不一致，但基于主成分分析的特征提取方法是各种不同应用特征提取方法中的通用特征提取方法。

8.1 基于主成分分析的特征提取

主成分分析（Principal Component Analysis，PCA）是一种利用线性映射来进行数据降维的方法，同时去除数据的相关性，以最大限度保持原始数据的方差信息。

先回顾一下线性映射的意义。P 维向量 $\boldsymbol{X}$ 到一维向量 $\boldsymbol{F}$ 的一个线性映射表示为：

$$\boldsymbol{F} = \sum_{i=1}^{p} u_i X_i = u_1 X_1 + u_2 X_2 + u_3 X_3 + \cdots + u_p X_p$$

这相当于加权求和，每一组权重系数为一个主成分，它的维数与输入数据维数相同。比如说 $\boldsymbol{X} = (1,1)^{\mathrm{T}}, \boldsymbol{u} = (1,0)^{\mathrm{T}}$，所以二维向量 $\boldsymbol{X}$ 到一维空间的线性映射为：

$$\boldsymbol{F} = \boldsymbol{u}^{\mathrm{T}} \boldsymbol{X} = 1 \times 1 + 1 \times 0 = 1$$

在高等代数中，$\boldsymbol{F}$ 的几何意义表示为 $\boldsymbol{X}$ 在投影方向 $\boldsymbol{u}$ 上的投影点。即上述例子在笛卡儿坐标系中，可表示为横坐标上作一条垂线的交点。

主成分分析是基于线性映射的，其计算方式是：$\boldsymbol{X}$ 是 P 维向量，主成分分析就是要把这 P 维原始向量通过线性映射变成 K 维新向量的过程，其中 $K \leqslant P$。 即

$$F_1 = u_{11} X_1 + u_{21} X_2 + u_{31} X_3 + \cdots + u_{p1} X_p$$
$$F_2 = u_{12} X_1 + u_{22} X_2 + u_{32} X_3 + \cdots + u_{p2} X_p$$
$$\vdots$$
$$F_k = u_{1k} X_1 + u_{2k} X_2 + u_{3k} X_3 + \cdots + u_{pk} X_p$$

比如二维向量 $\boldsymbol{X} = (1,1)^{\mathrm{T}}$，通过线性映射 $\boldsymbol{u}_1 = (1,0)^{\mathrm{T}}$，变成一维新向量 $F_1 = 1 \times 1 + 1 \times 0 = 1$。

同时，为了去除数据的相关性，只需让各个主成分正交，并且此时正交的基构成的空

间就称为子空间。

在主成分分析的例子中，一项十分著名的工作是美国的统计学家斯通（Stone）在1947年关于国民经济的研究。他曾利用美国1929—1938年各年的数据，得到了17个反映国民收入与支出的变量要素，例如雇主补贴、消费资料和生产资料、纯公共支出、净增库存、股息、利息外贸平衡等。在进行主成分分析后，竟以97.4%的精度，用三个新变量就取代了原17个变量的方差信息。根据经济学知识，斯通给这三个新变量分别命名为总收入F_1、总收入变化率F_2和经济发展或衰退的趋势F_3。这提示我们，方差保持是在低维空间能够尽可能多保持原始空间数据的方差。所谓样本方差，就是数据集合中各数据与平均样本的差的平方和的平均数。此外，在我们所讨论的问题中都有一个近似的假设，假定数据满足高斯分布或者近似满足高斯分布。主成分分析都是基于协方差矩阵的，请读者思考原因。

总结来说，基于主成分分析特征提取的基本思想是，试图在力保数据信息丢失最少的原则下，对高维空间的数据降维处理。这是因为识别系统在一个低维空间要比在一个高维空间容易得多。另外，要求能够去除数据的相关性，从而进行有效的特征提取。

下面看两个主成分分析的例子。首先是对二维空间点$(1,1)^T$，$(2,2)^T$，$(3,3)^T$进行降维处理，如图8-1所示。

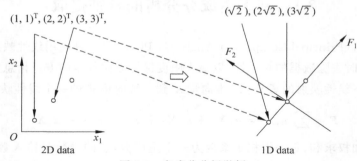

图8-1　主成分分析举例

方差越大，表示数据的分布越分散，从而越能保持原始空间中的距离信息。方差计算公式是

$$\frac{1}{n}\sum_{l=1}^{n}(x_l-\bar{x})^T(x_l-\bar{x})$$

在几何上，投影方向总是沿着数据的分布最分散方向，为了去掉相关性，投影方向之间应该保持正交。此例中原始数据空间类别信息没有丢失但是维度减少50%。

为了加深理解，我们在二维空间中讨论主成分的几何意义。设有n个样本，每个样本有二维即x_1和x_2，在由x_1和x_2所确定的二维平面中，n个样本点所散布的情况如椭圆状，如图8-2所示。

由图8-2可以看出这n个样本点沿着F_1轴方向有最大的离散性，这是第一个主成分。为了去掉相关性，第二个主成分应该正交于第一个主成分。如果只考虑F_1和F_2中的任何一个，那么包含在原始数据中的信息将会有损失。但是，根据系统精度的要求，可

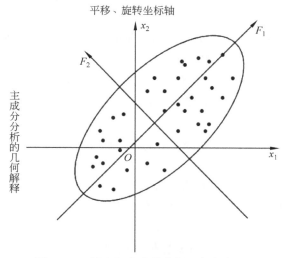

图 8-2 二维空间主成分分析几何意义

以只选择 F_1，如图 8-3 所示。

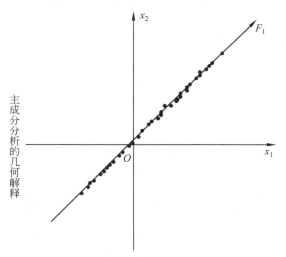

图 8-3 二维空间主成分分析几何解释

实际问题总是变成数学问题，然后才是用机器去解决。下面讨论主成分分析方法的数学模型，我们约定：X 表示变量；如果 X 表示向量，X_i 表示向量的第 i 个分量；如果 X 表示矩阵，X_i 表示矩阵的第 i 个分量（列向量），X_{ij} 表示第 j 个样本的第 i 个分量。

8.2 数 学 模 型

假设我们所讨论的实际问题中，X 是 P 维变量，记为 $X_1, X_2, \cdots, X_P$，主成分分析就是要把这 P 个变量的问题，转变为讨论 P 个变量的线性组合的问题，而这些新的分量

$F_1, F_2, \cdots, F_k(k \leqslant P)$，按照保留主要信息量的原则充分反映原变量的信息，并且相互独立。

这种由讨论多维变量降为维数较低的变量的过程在数学上就叫作降维。主成分分析通常的做法是，寻求向量的线性组合 F_i。

$$F_1 = u_{11}X_1 + u_{21}X_2 + \cdots + u_{p1}X_p$$
$$F_2 = u_{12}X_1 + u_{22}X_2 + \cdots + u_{p2}X_p$$
$$\vdots$$
$$F_k = u_{1k}X_1 + u_{2k}X_2 + \cdots + u_{pk}X_p$$

满足如下的条件：

(1) 每个主成分的系数平方和为 1，即 $u_{i1}^2 + u_{i2}^2 + \cdots + u_{ip}^2 = 1$。

(2) 主成分之间相互独立，无重叠的信息，即

$$\mathrm{Cov}(F_i, F_j) = 0, \quad i \neq j, i, j = 1, 2, \cdots, p$$

(3) 主成分的方差依次递减，重要性依次递减，即

$$\mathrm{Var}(F_1) \geqslant \mathrm{Var}(F_2) \geqslant \cdots \geqslant \mathrm{Var}(F_p)$$

8.3 主成分的数学上的计算

8.3.1 两个线性代数的结论

(1) 若 A 是 p 阶正定或者半正定实阵，则一定可以找到正交阵 U，使

$$U^{\mathrm{T}}AU = \begin{bmatrix} \lambda_1 & 0 & \cdots & 0 \\ 0 & \lambda_2 & \cdots & 0 \\ \vdots & \vdots & \ddots & \vdots \\ 0 & 0 & \cdots & \lambda_p \end{bmatrix}_{p \times p}$$

其中，$\lambda_i, i = 1, 2, \cdots, p$ 是 A 的特征根。

(2) 若上述矩阵的特征根所对应的单位特征向量为 $u_1, \cdots, u_p$，令

$$U = (u_1, \cdots, u_p) = \begin{bmatrix} u_{11} & u_{12} & \cdots & u_{1P} \\ u_{21} & u_{22} & \cdots & u_{2P} \\ \vdots & \vdots & \ddots & \vdots \\ u_{P1} & u_{P2} & \cdots & u_{PP} \end{bmatrix}$$

则实对称阵 A 属于不同特征根所对应的特征向量是正交的，即有

$$U^{\mathrm{T}}U = UU^{\mathrm{T}} = I$$

8.3.2 基于协方差矩阵的特征值分解

由 $F = u^{\mathrm{T}}X, \bar{F} = \dfrac{1}{n}\sum_F F$，有下面推导过程成立：

$$\text{Max:} \frac{1}{n-1} \sum_{\boldsymbol{F}} (\boldsymbol{F} - \bar{\boldsymbol{F}}) (\boldsymbol{F} - \bar{\boldsymbol{F}})^{\mathrm{T}} = \frac{1}{n-1} \sum_{\boldsymbol{X}} (\boldsymbol{u}^{\mathrm{T}}(\boldsymbol{X} - \bar{\boldsymbol{X}})) (\boldsymbol{u}^{\mathrm{T}}(\boldsymbol{X} - \bar{\boldsymbol{X}}))^{\mathrm{T}}$$

$$\text{Max:} \frac{1}{n-1} \sum_{\boldsymbol{X}} \boldsymbol{u}^{\mathrm{T}} (\boldsymbol{X} - \bar{\boldsymbol{X}}) (\boldsymbol{X} - \bar{\boldsymbol{X}})^{\mathrm{T}} \boldsymbol{u} = \boldsymbol{u}^{\mathrm{T}} \left(\frac{1}{n-1} \sum_{\boldsymbol{X}} (\boldsymbol{X} - \bar{\boldsymbol{X}}) (\boldsymbol{X} - \bar{\boldsymbol{X}})^{\mathrm{T}} \right) \boldsymbol{u}$$

Constraint: $\boldsymbol{u}^{\mathrm{T}} \boldsymbol{u} = 1$

令 $\dfrac{1}{n-1} \sum\limits_{\boldsymbol{X}} (\boldsymbol{X} - \bar{\boldsymbol{X}}) (\boldsymbol{X} - \bar{\boldsymbol{X}})^{\mathrm{T}} = \boldsymbol{\Sigma}_{\boldsymbol{X}}$

引入拉格朗日乘子,得到拉格朗日函数 $J(\boldsymbol{u}) = \boldsymbol{u}^{\mathrm{T}} \sum\limits_{\boldsymbol{X}} \boldsymbol{u} - \lambda(\boldsymbol{u}^{\mathrm{T}} \boldsymbol{u} - 1)$

式中 λ 为拉格朗日乘子。将本式对 $\boldsymbol{u}$ 求偏导数,并令偏导数等于 0 得

$$\frac{\partial J(\boldsymbol{u})}{\partial \boldsymbol{u}} = 2 \sum_{\boldsymbol{X}} \boldsymbol{u} - 2\lambda \boldsymbol{u} = 0$$

$$\sum_{\boldsymbol{X}} \boldsymbol{u} = \lambda \boldsymbol{u} -> \boldsymbol{u}^{\mathrm{T}} \sum_{\boldsymbol{X}} \boldsymbol{u} = \lambda$$

考虑到 $\boldsymbol{\Sigma}_{\boldsymbol{X}}$ 是 $\boldsymbol{X}$ 的协方差阵,于是设 $\boldsymbol{\Sigma}_{\boldsymbol{X}} = \begin{bmatrix} \sigma_1^2 & \sigma_{12} & \cdots & \sigma_{1p} \\ \sigma_{21} & \sigma_2^2 & \cdots & \sigma_{2p} \\ \vdots & \vdots & \ddots & \vdots \\ \sigma_{p1} & \sigma_{p2} & \cdots & \sigma_p^2 \end{bmatrix}$

由于 $\boldsymbol{\Sigma}_{\boldsymbol{X}}$ 为对称阵,则利用线性代数的知识可得,存在正交阵 $\boldsymbol{U}$,使得

$$\boldsymbol{U}^{\mathrm{T}} \boldsymbol{\Sigma}_{\boldsymbol{X}} \boldsymbol{U} = \begin{bmatrix} \lambda_1 & & 0 \\ & \ddots & \\ 0 & & \lambda_p \end{bmatrix}$$

8.3.3 主成分分析的步骤

约定:

$$\boldsymbol{\Sigma}_{\boldsymbol{X}} = \left(\frac{1}{n-1} \sum_{i=1}^{n} (x_i - \bar{x}) (x_i - \bar{x})^{\mathrm{T}} \right)_{p \times p}$$

$$\boldsymbol{X}_i = (x_{1i}, x_{2i}, \cdots, x_{pi})^{\mathrm{T}} (i = 1, 2, \cdots, n)$$

第一步:由 $\boldsymbol{X}$ 的协方差阵 $\boldsymbol{\Sigma}_{\boldsymbol{X}}$,求出其特征根,即解方程 $|\boldsymbol{\Sigma} - \lambda \boldsymbol{I}|$,可得特征根 $\lambda_1 \geqslant \lambda_2 \geqslant \cdots \geqslant \lambda_p \geqslant 0$。

第二步:求出分别所对应的特征向量 $\boldsymbol{U}_1, \boldsymbol{U}_2, \cdots, \boldsymbol{U}_p, \boldsymbol{U}_i = (u_{1i}, u_{2i}, \cdots, u_{pi})^{\mathrm{T}}$。

第三步:给出恰当的主成分个数。$\boldsymbol{F}_i = \boldsymbol{U}_i^{\mathrm{T}} \boldsymbol{X}, i = 1, 2, \cdots, k (k \leqslant p)$。

第四步:计算所选出的 k 个主成分的得分。将原始数据的中心化值:

$$\boldsymbol{X}_i^* = \boldsymbol{X}_i - \bar{\boldsymbol{X}} = (x_{1i} - \bar{x}_1, x_{2i} - \bar{x}_2, \cdots, x_{pi} - \bar{x}_p)^{\mathrm{T}}$$

代入前 k 个主成分的表达式,分别计算出各单位 k 个主成分的得分,并按得分值的大小排队。

考虑将三个点$(1,1),(2,2),(3,3)$进行主成分分析,求其特征向量和特征值。

已知数据集合

$$\Omega_1:(-5,-5)^T,(-5,-4)^T,(-4,-5)^T,(-5,-6)^T,(-6,-5)^T$$
$$\Omega_2:(5,5)^T,(5,4)^T,(4,5)^T,(5,6)^T,(6,5)^T$$

将特征由二维压缩成一维。请读者自行练习这两个例子。

8.4　主成分分析的性质

1. 均值

$$E(\boldsymbol{U}^T\boldsymbol{x})=\boldsymbol{U}^T\bar{\boldsymbol{x}}$$

2. 方差为所有特征根之和

$$\lambda_1+\lambda_2+\cdots+\lambda_p=\sigma_1^2+\sigma_2^2+\cdots+\sigma_p^2$$

这说明主成分分析把P维随机变量的总方差分解成为P个不相关的随机变量的方差之和。协方差矩阵$\boldsymbol{\Sigma}$的对角线上的元素之和等于特征根之和,即方差。

3. 关于如何选择主成分个数

(1) 贡献率:第i个主成分的方差在全部方差中所占比重$\lambda_i\Big/\sum_{i=1}^{p}\lambda_i$。贡献率反映了原来$i$个特征向量的信息,有多大的提取信息能力。

(2) 累积贡献率:前k个主成分共有多大的综合能力,用这k个主成分的方差和在全部方差中所占比重$\sum_{i=1}^{k}\lambda_i\Big/\sum_{i=1}^{p}\lambda_i$来描述,称为累积贡献率。

进行主成分分析的目的之一是希望用尽可能少的主成分$F_1,F_2,\cdots,F_k(k\leqslant p)$代替原来的$P$维向量。到底应该选择多少个主成分? 在实际工作中,主成分个数的多少取决于能够反映原来变量95%以上的信息量为依据,即当累积贡献率$\geqslant 95\%$时的主成分的个数就足够了。

　　例　设x_1,x_2,x_3的协方差矩阵为

$$\boldsymbol{\Sigma}=\begin{bmatrix}1 & -2 & 0\\ -2 & 5 & 0\\ 0 & 0 & 2\end{bmatrix}$$

由$|\boldsymbol{\Sigma}-\lambda\boldsymbol{I}|=0$,解得特征根为$\lambda_1=5.83,\lambda_2=2.00,\lambda_3=0.17$。

再由$(\boldsymbol{\Sigma}-\lambda\boldsymbol{I})\boldsymbol{U}=0$,即$\boldsymbol{\Sigma}\boldsymbol{U}=\lambda\boldsymbol{U}$,解得

$$\boldsymbol{U}_1=\begin{bmatrix}0.383\\ -0.924\\ 0.000\end{bmatrix},\boldsymbol{U}_2=\begin{bmatrix}0\\ 0\\ 1\end{bmatrix},\boldsymbol{U}_3=\begin{bmatrix}0.924\\ 0.383\\ 0.000\end{bmatrix}$$

因此,第一个主成分的贡献率为$5.83/(5.83+2.00+0.17)=72.875\%$,尽管第一个主

成分的贡献率并不小,但在本题中第一主成分不含第三个原始变量的信息,所以应该取两个主成分。

4. 原始变量与主成分之间的相关系数

因为 $F_j = u_{1j}x_1 + u_{2j}x_2 + \cdots + u_{pj}x_p$,其中 $j = 1, 2, \cdots, m, m \leqslant p$,又有 $\boldsymbol{F} = \boldsymbol{U}^{\mathrm{T}}\boldsymbol{X}$,即 $\boldsymbol{UF} = \boldsymbol{X}$。

可以得到

$$
\begin{bmatrix} x_1 \\ x_2 \\ \vdots \\ x_p \end{bmatrix} = \begin{bmatrix} u_{11} & u_{12} & \cdots & u_{1p} \\ u_{21} & u_{22} & \cdots & u_{2p} \\ \vdots & \vdots & \ddots & \vdots \\ u_{p1} & u_{p2} & \cdots & u_{pp} \end{bmatrix} \begin{bmatrix} F_1 \\ F_2 \\ \vdots \\ F_p \end{bmatrix}
$$

8.5 基于主成分分析的人脸识别方法

人脸识别是生物特征识别的一种,是计算机以人的脸部图像或者视频作为研究对象,从而进行人的身份确认。近些年来,人脸识别作为一门既有理论价值又有应用价值的研究课题,越来越受到研究者的重视和关注,各种各样的人脸识别方法层出不穷。主成分分析方法就是其中的一种。人脸的相关性很大,冗余信息多,所以人脸识别的核心问题就是提取特征,那么如何去掉冗余信息,将人脸图像从一个矩阵变成一个向量呢?这就可以利用主成分分析的方法了。

相关研究表明,计算过程如图 8-4 所示。

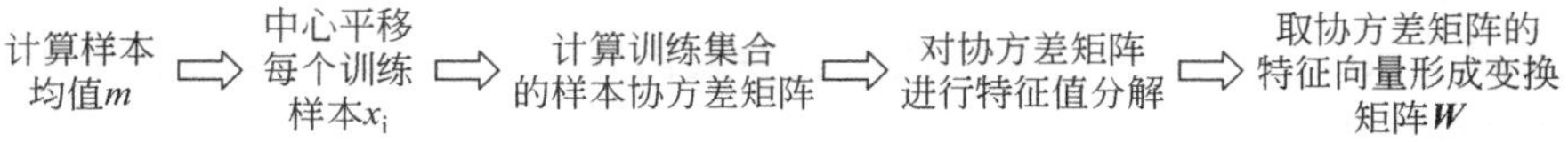

图 8-4　计算过程

输入训练样本集合的协方差矩阵定义为

$$
\sum_x = \frac{1}{n-1} \sum_{i=1}^{n} (\boldsymbol{x}_i - \bar{\boldsymbol{x}})(\boldsymbol{x}_i - \bar{\boldsymbol{x}})^{\mathrm{T}},
$$

$\bar{\boldsymbol{x}}$ 是人脸样本均值

PCA 降维是按照特征向量所对应特征值的大小对特征向量排序,选择前 K 个对应最大特征值的特征向量构成变换矩阵 $\boldsymbol{W}_{P \times K}$,这样就完成了从 p 维空间到 k 维空间的投影。

对于如图 8-5 所示的 64×64 数据集合,其 8 个主成分特征人脸的可视化图如图 8-6 所示。也就是说,可以提取 8 维向量作为特征。

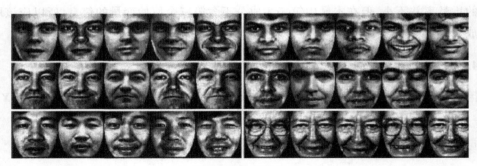

图 8-5　数据集合

图 8-6　主成分特征人脸的可视化图

小　　结

　　主成分分析（PCA）技术的一大好处是对数据进行降维的处理，可以对新求出的"主元"向量的重要性进行排序，根据需要取前面最重要的部分，将后面的维数省去，可以达到降维从而简化模型或是对数据进行压缩的效果，同时最大限度地保持了原有数据的信息。PCA 技术的一个很大的优点是，它是完全无参数限制的。在 PCA 的计算过程中完全不需要人为设定参数或是根据任何经验模型对计算进行干预，最后的结果只与数据相关，与用户是独立的。但是，这一点同时也可以看作是缺点。如果用户对观测对象有一定的先验知识，掌握了数据的一些特征，却无法通过参数化等方法对处理过程进行干预，可能会得不到预期的效果，效率也不高。

第9章 深度学习与神经网络

引 言

本章介绍了深度学习算法的基本概念,深度学习算法是人工神经网络算法的改进,提高了神经网络算法的性能和应用范围,本章首先介绍了神经网络模型,以及模型参数在有监督学习和无监督学习中的反向传播和 AutoEncoder 求解方法。之后介绍了两种常见的深度学习算法,在深层神经网络模型的基础上,两种算法克服了神经网络方法的过度拟合、梯度弥散、参数往往收敛到局部极值的缺陷,体现了深度学习算法优秀的学习能力。

9.1 神经网络及其主要算法

人工神经网络(Artificial Neural Networks,ANN)是由大量处理单位经广泛互连而组成的人工网络,用来模拟脑神经系统的结构和功能,而这些处理就是人工神经元。

人工神经网络可看成是以人工神经元为节点,用有向加权弧连接起来的有向图。在此有向图中,人工神经元就是对生物神经元的模拟,而有向弧则是轴突-突触-树突对的模拟。有向弧的权值表示相互连接的两个人工神经元间相互作用的强弱。

9.1.1 前馈神经网络

构成前馈网络的各神经元接收前一级输入,并输出到下一级,无反馈,可用一有向无环图表示。图的节点分为两类,即输入节点与计算单元。每个计算单元可有任意个输入,但只有一个输出,而输出可耦合到任意多个其他节点的输入。前馈网络通常分为不同的层,第 i 层的输入只与第 $i-1$ 层的输出相连,这里认为输入节点为第一层,因此所谓具有单层计算单元的网络实际上是一个两层网络。输入和输出节点由于可与外界相连,直接受环境影响,称为可见层,而其他的中间层则称为隐层,如图 9-1 所示。

9.1.2 感知器

感知器(Perceptron)模型是美国学者罗森勃拉特(Rosenbaltt)为研究大脑的存储、学习和认知过程而提出的一类具有自学习能力的神经网络模型,它把神经网络的研究从纯理论探讨引向了从工程上的实现。

感知器是一种双层神经网络模型,一层为输入层,另一层具有计算单元,可以通过监督学习建立模式判别的能力,如图 9-2 所示。

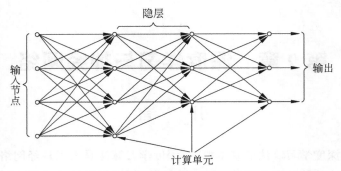

图 9-1　前馈神经网络结构示意图

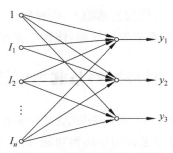

图 9-2　感知器模型示意图

学习的目标是通过改变权值使神经网络由给定的输入得到给定的输出。作为分类器，可以用已知类别的模式向量或特征向量作为训练集，当输入为属于第 j 类的特征向量 X 时，应使对应于该类的输出 $y_1 = 1$，而其他神经元的输出则为 0（或 -1）。设理想的输出为

$$Y = (y_1, y_2, \cdots, y_m)^{\mathrm{T}}$$

实际的输出为

$$\hat{Y} = (\hat{y}_1, \hat{y}_2, \cdots, \hat{y}_m)^{\mathrm{T}}$$

为了使实际的输出逼近理想输出，可以反复依次输入训练集中的向量 X，并计算出实际的输出 $\hat{Y}$，对权值 ω 做如下的修改：

$$\omega_{ij}(t+1) = \omega_{ij}(t) + \Delta\omega_{ij}(t) \tag{9-1}$$

其中

$$\Delta\omega_{ij} = \eta(y_i - \hat{y}_j)x_i \tag{9-2}$$

感知器的学习过程与求取线性判别函数的过程是等价的，此处只指出感知器的一些特性：①两层感知器只能用于解决线性可分问题；②学习过程收敛很快，且与初始值无关。

单层感知器不能表达的问题被称为线性不可分问题。1969 年，Minsky 证明了"异或"问题是线性不可分问题。

"异或问题"（XOR）运算的定义和相应的逻辑运算真值表如表 9-1 所示。

表 9-1　"异或问题"运算的定义和相应的逻辑运算真值表

x_1	x_2	y	x_1	x_2	y
0	0	0	1	0	1
0	1	1	1	1	0

$$y(x_1, x_2) = \begin{cases} 0, & x_1 = x_2 \\ 1, & \text{其他} \end{cases}$$

如果"异或"(XOR)问题能用单层感知器解决,则由 XOR 的真值表,可知 w_1, w_2 和 θ 必须满足如下方程组:

$$\begin{cases} w_1 + w_2 - \theta < 0 \\ w_1 + 0 - \theta \geqslant 0 \\ 0 + 0 - \theta < 0 \\ 0 + w_2 - \theta \geqslant 0 \end{cases}$$

显然,该方程组是无解的,这就说明单层感知器是无法解决异或问题的。异或问题是一个只有两个输入和一个输出,且输入输出都只取 1 和 0 两个值的问题,分析起来比较简单。对于比较复杂的多输入变量函数来说,到底有多少是线性可分的? 多少是线性不可分的呢? 相关研究表明,线性不可分函数的数量随着输入变量个数的增加而快速增加,甚至远远超过了线性可分函数的个数。也就是说,单层感知器不能表达问题的数量远远超过了它所能表达问题的数量。这也难怪当 Minsky 给出单层感知器的这一致命缺陷时,会使人工神经网络的研究跌入漫长的黑暗期。

9.1.3　三层前馈网络

利用人工神经元的非线性特性,可以实现各种逻辑门。例如,NAND(与非门)可用如图 9-3 所示的阈值神经元实现。

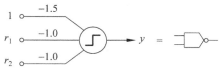

图 9-3　用感知其模型实现"与非"逻辑

由于任何逻辑函数都可以由与非门组成,所以可以得出以下结论:①任何逻辑函数都可以用前馈网络实现。②单个阈值神经元可以实现任意多输入的与门、或门及与非门、或非门;由于任何逻辑函数都可以化为析取(或合取)形式,所以任何逻辑函数都可用一个三层(只有两层计算单元)的前馈网络实现。

当神经元的输出函数为 Sigmoid 函数时,上述结论可以推广到连续的非线性函数,在很宽松的条件下,三层前馈网络可以逼近任意的多元非线性函数,突破了二层前馈网络线性可分的限制。这种三层或三层以上的前馈网络通常又被叫作多层感知器（Multi-Layer Perceptron，MLP）。

9.1.4 反向传播算法

三层前馈网络的适用范围大大超过二层前馈网络，但学习算法较为复杂，主要困难是中间的隐层不直接与外界连接，无法直接计算其误差。为解决这一问题，提出了反向传播（Back-Propagation，BP）算法。其主要思想是从后向前（反向）逐层传播输出层的误差，以间接算出隐层误差。算法分为两个阶段：第一阶段（正向过程）输入信息从输入层经隐层逐层计算各单元的输出值；第二阶段（反向传播过程）内输出误差逐层向前算出隐层各单元的误差，并用此误差修正前层权值。

具体来说，反向传播算法的基本思想是，对于样本集 $S = \{(X_1, Y_1), (X_2, Y_2), \cdots, (X_s, Y_s)\}$，逐一地根据样本 (X_k, Y_k) 计算出实际输出 O_k 和误差测度 E_1，用输出层的误差调整输出层权矩阵，并用此误差估计输出层的直接前导层误差估计更前一层的误差，如此获得所有其他各层的误差估计，并用这些估计实现对权矩阵的修改。形成将输出端表现出的误差沿着与输入信号相反的方向逐级向输入端传递的过程，即对 $W^{(1)}, W^{(2)}, \cdots,$ $W^{(L)}$ 各做一次调整，重复这个循环，直到 $\sum E_p < \varepsilon$。

在反向传播算法中通常采用梯度法修正权值，为此要求输出函数可微，通常采用 Sigmoid 函数作为输出函数。不失其普遍性，我们研究处于某一层的第 j 个计算单元，脚标 i 代表其前层第 i 个单元，脚标 k 代表后层第 k 个单元，O_j 代表本层输出，ω_{ij} 是前层到本层的权值，如图 9-4 所示。

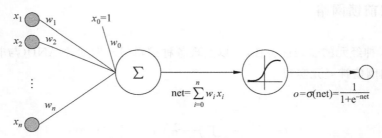

图 9-4　神经网络示意图

反向传播算法中有两个参数 η 和 a'。步长 η 对收敛性影响很大，而且对于不同的问题其最佳值相差也很大，通常可在 0.1 到 3 之间试探，对于较复杂的问题应用较大的值。惯性项系数 a 影响收敛速度，在很多应用中其值可在 0.9 到 1 之间选择（比如 0.95），$a \geqslant$ 1 时不收敛；有些情况下也可不用惯性项（即 $a' = 0$）。

设图 9-5 是一个简单的前向传播网络，用 B-P 算法确定其中的各连接权值时，δ 的计算方法如下。

首先，由图 9-5 可知：

$$I_3 = W_{13}x_1 + W_{23}x_2 \qquad O_3 = f(I_3)$$

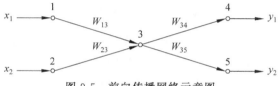

图 9-5　前向传播网络示意图

$$I_4 = W_{34}O_3 \qquad\qquad O_4 = y_1 = f(I_4)$$

$$I_5 = W_{35}O_3 \qquad\qquad O_5 = y_2 = f(I_5)$$

$$e = \frac{1}{2}\left[(y_1' - y_1)^2 + (y_2' - y_2)^2\right]$$

反向传输时计算如下。

1. 计算 $\dfrac{\partial e}{\partial W}$

$$\frac{\partial e}{\partial W_{13}} = \frac{\partial e}{\partial I_3} \cdot \frac{\partial I_3}{\partial W_{13}} = \frac{\partial e}{\partial I_3} x_1 = \delta_3 x_1$$

$$\frac{\partial e}{\partial W_{23}} = \frac{\partial e}{\partial I_3} \cdot \frac{\partial I_3}{\partial W_{23}} = \frac{\partial e}{\partial I_3} x_2 = \delta_3 x_2$$

$$\frac{\partial e}{\partial W_{34}} = \frac{\partial e}{\partial I_4} \cdot \frac{\partial I_4}{\partial W_{34}} = \frac{\partial e}{\partial I_4} O_3 = \delta_4 O_3$$

$$\frac{\partial e}{\partial W_{35}} = \frac{\partial e}{\partial I_5} \cdot \frac{\partial I_5}{\partial W_{35}} = \frac{\partial e}{\partial I_5} O_3 = \delta_5 O_3$$

2. 计算 δ

$$\delta_4 = \frac{\partial e}{\partial I_4} = (y_1 - y_1')f'(I_4)$$

$$\delta_5 = \frac{\partial e}{\partial I_5} = (y_2 - y_2')f'(I_5)$$

$$\delta_3 = (\delta_4 W_{34} + \delta_5 W_{35})f'(I_3)$$

也就是说，δ_3 的计算要依赖于与它相邻的上层节点的 δ_4 和 δ_5 的计算。

　　三层前馈网络的输出层与输入层单元数是由问题本身决定的。例如，作为模式判别时输入单元数是特征维数，输出单元数是类数。但中间隐层的单元数如何确定则缺乏有效的方法。一般来说，问题越复杂，需要的隐层单元越多；或者说同样的问题，隐层单元越多越容易收敛。但是隐层单元数过多会增加使用时的计算量，而且会产生"过学习"效果，使对未出现过的样本的推广能力变差。

　　对于多类的模式识别问题来说，要求网络输出把特征空间划分成一些不同的类区（对应不同的类别），每一隐单元可形成一个超平面。我们知道，N 个超平面可将 D 维空间划分成的区域数为：

$$M(N,D) = \sum_{i=0}^{D} N_i$$

当 $N < D$ 时，$M = 2^N$。设有 P 个样本，我们不知道它们实际上应分成多少类，为保险起见，可假设 $M = P$，这样，当 $N < D$ 时，可选隐单元数 $N = \log 2P$，当然这只能是一个参考数字。因为所需隐层单元数，主要取决于问题复杂程度而非样本数，只是复杂的问题确实需要大量样本。

当隐层数难以确定时，可以先选较多的隐层单元数，待学习完成后，再逐步删除一些隐层单元，使网络更为精简。删除的原则可以考虑某一隐层单元的贡献。例如，其输出端各权值绝对值大小，或输入端权向量是否与其他单元相近。更直接的方法是，删除某个隐层单元，继续一段学习算法；如果网络性能明显变坏，则恢复原状，逐个测试各隐层单元的贡献，把不必要的删去。

从原理上讲，反向传播算法完全可以用于四层或更多层的前馈网络。三层网络可以应付任何问题，但对于较复杂的问题，更多层的网络有可能获得更精简的结果。遗憾的是，反向传播算法直接用于多于三层的前馈网络时，陷入局部极小点而不收敛的可能性很大。此时需要运用更多的先验知识减小搜索范围，或者找出一些原则来逐层构筑隐层。

BP 算法理论基础牢固，推导过程严谨，物理概念清晰，通用性好，所以它是目前用来训练前向多层网络较好的算法。但是，该学习算法的收敛速度慢，网络中隐节点个数的选取尚无理论上的指导，而且从数学角度看，BP 算法是一种梯度快速下降法，这就可能出现局部极小的问题。当出现局部极小时，从表面上看误差符合要求，但这时所得到的解并不一定是问题的真正解，所以 BP 算法是不完备的。

9.2　深 度 学 习

9.2.1　深度学习概述

深度学习（Deep Learning）的概念是 2006 年左右由 Geoffrey Hinton 等人提出的，对传统的人工神经网络算法进行了改进，通过模仿人的大脑处理信号时的多层抽象机制来完成对数据的识别分类。深度学习中的 deep，指的是神经网络多层结构。在传统的模式识别应用中，基本处理流程是首先对数据进行预处理，之后在预处理后的数据上进行特征提取（Feature Extraction），然后利用这些特征，采用各种算法如 SVM、CRF 等训练出模型，并将测试数据的特征作为模型的输入，输入分类或标注的结果。在这个流程中，特征提取是至关重要的步骤，特征选取的好坏直接影响到模型分类的性能。而在实际应用中，设计合适的特征是一项充满挑战的工作，以图像为例，目前常用的特征还是少数的几种，如 SIFT、HOG 等。而深度学习方法可以首先从原始数据中无监督地学习特征，将学习到的特征作为之后各层的输入，省去了人工设计特征的步骤，被很多人给予厚望。

虽然在 20 世纪 80 年代研究者已经提出了神经网络算法，但在长时间内神经网络的应用范围有很大的局限。浅层网络的学习能力有限，而在计算神经网络模型参数的过程中,人们主要使用的方法是首先随机化初始网络各层参数的权重,之后根据训练数据上方差函数最小的原则,采用梯度下降法迭代计算参数。这种方法并不适用于深层网络的参数训练,模型的参数往往收敛不到全局最优解。为此深度学习提出了不同的参数学习策略,首先逐层学习网络参数,之后进行调优。具体地讲,首先逐层训练模型参数,上一层的输出作为本层的输入,经过本层的编码器(激励函数构成)产生输出,调整本层的参数使得误差最小,如此即可逐层训练,每一层的学习过程都是无监督学习。最后可使用反向传播等算法对模型参数进行微调,用监督学习去调整所有层。常用的深度学习方法有栈式AutoEncoder、Sparse Coding、Restrict Boltzmann Machine(RBM)等。

9.2.2 自编码算法 AutoEncoder

前面已经介绍了神经网络在有监督学习中的应用。现在假设只有一个没有类别的训练集合 x,可以使用自编码神经网络,用反向传播算法来学习参数,如图 9-6 所示。

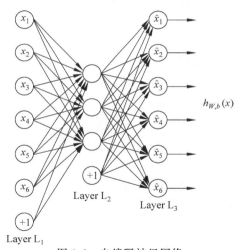

图 9-6 自编码神经网络

自编码神经网络尝试使目标值等于输入值,即 $h_{W,b}(x) \approx x$,这种学习方法的意义在于数据的压缩,用一定数量的神经元来产生原始数据中的大部分信息,其目的类似于 PCA 的数据降维。如果给中间隐藏层的神经元加入稀疏性限制,当神经元数量较大时仍可以发现输入数据中一些有趣的结构。稀疏性可以被解释为,假设激活函数是 sigmod 函数,当神经元的输出接近 1 时被激活,接近 0 时被抑制,那么神经元大部分时间都被抑制的限制称为稀疏性限制。为了实现这一限制,可在优化函数中加入额外的惩罚因子。

$$\text{KL}(\rho \parallel \hat{\rho}_i) = \sum_{i=1}^{S_2} \rho \log \frac{\rho}{\hat{\rho}_i} + (1-\rho)\log \frac{1-\rho}{1-\hat{\rho}_i}$$

ρ 是稀疏性参数,通常接近于 0,$\hat{\rho}_i = \frac{1}{m}\sum_{i=1}^{m}\left[a_j^{(2)}(x^{(i)})\right]$,$a_j^{(2)}(x)$ 表示输入 x 时隐藏神经元 j 的激活度。S_2 是隐藏层中神经元的数量。j 依次代表隐藏层中的每一个神经

元。该惩罚因子实际上是基于相对熵的概念。现在总体的代价函数可以表示为

$$J(W,b) = J(W,b) + \beta \sum_{i=1}^{S_2} \mathrm{KL}(\rho \parallel \hat{\rho}_i)$$

β 控制惩罚因子的权重。$\hat{\rho}$ 取决于 W,b。之后可以使用反向传播算法来训练参数。具体过程不再讲述。

9.2.3　自组织编码深度网络

前面介绍了一个包括输入层、隐藏层以及输出层的三层神经网络，但它还是一个非常"浅"的网络，仅含一层隐藏层。本节开始讨论深度网络，即包含多个隐藏层的神经网络，深度神经网络可以计算更多复杂的输入特征。这是因为每一层的激活函数是一个非线性函数，每一个隐藏层可以对上一层的输出进行非线性交换，因此深度神经网络可以学习到更加复杂的函数关系。深度网络相比于浅层网络最主要的优势在于可以用更加紧凑简洁的方式来表达函数集合。但深层网络的参数训练并不能使用简单的梯度传播算法。原因有以下几点。

（1）上述方法需要已标记数据来完成训练，在某些情况下，获取充足的标记数据是一项成本较高的任务，而不充足的数据会降低模型的性能。

（2）使用方法对层次较少的网络可以计算出较合理的参数，但对于深层网络，往往会收敛到局部的极值，而不是全局最优解。

（3）梯度下降法在随机初始化权重的深度网络上效果不好的原因是：在使用反向传播算法计算导数时，随着网络的深度增加，梯度的幅度会急剧减小，称为梯度弥散。

为了解决这些问题，深度学习方法首先采用无监督的学习方式来学习特征，无需大量已标注的数据。之后采取逐层贪婪的训练方法，每次只训练网络中的一层，各层的参数逐步训练得到后，再使用反向传播算法对各层参数进行"微调"，相比于随机初始化，各层权重会位于参数空间中比较好的位置上，有可能收敛到比较好的局部极值点。

下面介绍两种常用的深度学习方法。

1. 栈式 AutoEncoder 自动编码器

该方法是最简单的一种方法，如图 9-7 所示。从第一层开始，利用 AutoEncoder 的思想只训练一层的参数，训练后固定该层的参数，以其输出作为下一层的输入重复上述过程。这样就可以得到每一层的权重。这种方法又称为逐层贪婪训练。如果要得到更好的结果，在上述预训练过程完成后，可以通过反向传播算法同时调整所有层的参数以改善结果，这一过程称为微调。如果只对分类目的感兴趣，那么常用的做法是丢掉解码层，直接把最后一层的输出作为特征输入到 Softmax 分类器进行分类，这样分类器的分类错误的梯度值就可以直接反向传播给编码层。

2. Sparse Coding 稀疏编码

如果把 AutoEncoder 中输出和输入必须相等的限制放松，同时利用线性代数中基的

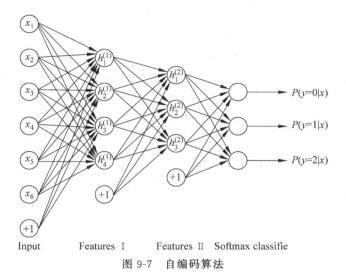

图 9-7　自编码算法

概念,即 $O = a_1\phi_1 + a_2\phi_2 + \cdots + a_n\phi_n$,其中 ϕ_i 是基,a_i 是系数,可以得到这样一个优化问题:

最小 I 和 O 之间距离,其中,I 表示输入,O 表示输出。

通过求解这个最优化式子,可以求解系数 ϕ_i 和 a_i,这种方法称为 Sparse Coding。稀疏性定义为:只有很少的几个远大于零的元素,即系数 a_i 是稀疏的,稀疏编码算法是一种无监督学习方法,用来寻找一组"超完备"基向量来更高效地表示样本数据。与 PCA 方法不同,这里的"超完备"基向量比输入向量的维度还要大。这样做的好处是可以更有效地找出隐含在数据内部的结构与模式。算法中还需要另一个评判标准"稀疏性"来解决超完备而导致的退化问题。算法分为以下两部分。

训练阶段:比如,给定一系列图像 X,我们需要学习得到一组基 φ_i。 稀疏编码算法体现了 k 均值的思想,其训练过程类似,可迭代计算使得下式最小:

$$\min_{a,\phi} \sum_{i=1}^{m} \left\| x_i - \sum_{j=1}^{k} a_{i,j}\phi_j \right\|^2 + \lambda \sum_{i=1}^{m} \sum_{j=1}^{k} | a_{i,j} |$$

每次迭代分为两步,首先固定 ϕ,然后调整 a,使目标函数最小,之后固定 a,调整 ϕ 使目标函数最小。这样不断迭代,直至收敛,可以得到一组基。

编码阶段:给一个新的图像 X,由上一步得到的基,通过解 Lasso 问题得到稀疏向量 a,即可得到图像 X 的稀疏向量。

9.2.4　卷积神经网络模型

卷积神经网络(CNN)是一种有监督深度模型架构,尤其适合处理二维数据问题。目前应用在诸多领域,如行人检测、人脸识别、信号处理等均有新的成果与进展。它是带有卷积结构的深度神经网络,也是首个真正意义上成功训练多层网络的算法。CNN 与传统人工神经网络算法主要区别在于权值共享以及非全连接。权值共享能够避免算法过拟合，通过拓扑结构建立层与层间非全连接空间关系来降低训练参数的数目，同时也是卷积神经网络的基本思想。CNN 经过反馈训练学习多个能够提取输入数据特征的卷积核，这些卷积核与输入数据进行逐层卷积并池化，来逐级提取隐藏在数据中拓扑结构的特征。随网络结构层层深入，提取的特征也逐渐变得抽象，最终获得输入数据的平移、旋转及缩放不变性的特征表示。较传统神经网络来说，CNN 将特征提取与分类过程同时进行，避免了两者在算法匹配上的难点。

CNN 主要由卷积层（C_i）与下采样层（S_j）交替重复出现来构建网络结构，卷积层用来提取输入神经元数据的局部特征，不但可以增强特征信息，还会降低图像中的噪声。下采样层用来对其上一层提取的数据进行缩放映射以减少训练数据量，同时也使得提取的特征具有一定的缩放不变性。一般来说，可以选择不同尺寸的卷积核来提取多尺度特征，获取不同大小的局部信息。用于图像识别的 CNN 基本框架如图 9-8 所示，两层卷积，两层下采样，一层全连接，然后输出分类。

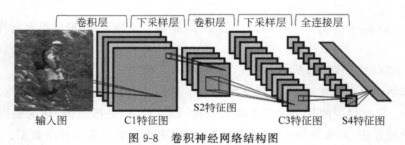

图 9-8　卷积神经网络结构图

输入图像与可学习的核进行卷积操作，经过激活函数得到 C1 特征图，卷积层的计算公式如下所示：

$$C_k^l = F\left(\sum_{n \in I_k} \omega_{nk} * M_n^{l-1} + b_n^l \right)$$

其中，C_k^l 表示第 l 层的特征图的第 k 个，I_k 表示获得第 k 个特征图的所有被卷积的输入图像，ω_{nk} 表示对应滤波核的可学习参数，$*$ 代表卷积操作，M_n^{l-1} 表示 $l-1$ 层的第 n 个特征图，第 b_n^l 表示第 1 层的第 n 个输入图像所对应的加权偏置，$S(\bullet)$ 是卷积层的激励函数。由上式可以看出，C1 特征图由多个输入图卷积累加获得，但对于同一幅输入图其卷积核参数是一致的，这也是权值共享的意义所在。卷积核的初始值并非随机设置，而是通过无监督的预先训练或按照一定标准给定，如仿照生物视觉特征用 Gabor 滤波器进行预处理。此处的卷积操作是一种针对图像的二维离散卷积操作，步骤主要是先将卷积核模板旋转 180°，然后再将中心平移到所求像素点处，进行对应像素相乘并累加，得到图像上该像素点的卷积值。下采样层通过降低网络空间分辨率来增强缩放不变性，计算公式如下：

$$S_k^l = F\left(\beta \sum_{n \in I_k} M_n^{l-1} + b_n^l \right)$$

　　其中，β 表示可训练的标量参数，其值随下采样方法而不同，常用的下采样方法有最大值下采样，均值下采样，前者更适合提取图像纹理，后者能够很好地保存图像背景。例如均值采样 $\beta=1/m$，表示对 $m\times m$ 像素块进行下采样（常用大小为 2×2），如此输出图像每个维度均为原图的 $1/m$，每个输出图均有一个加权偏置 b_n^l，然后将输出结果输入到一个非线性函数（如Sigmoid函数）。

　　CNN 的输出层一般采用线性全连接，目前最常用的分类方法有逻辑回归、Softmax分类方法。CNN 的参数训练过程与传统的人工神经网络类似，采用 BP 反向传播算法，包括前向传播与反向传播两个重要阶段。假设共有 N 个训练样本，分为 C 类，误差函数如下所示：

$$E^N = \frac{1}{2}\sum_{n=1}^{N}\sum_{k=1}^{C}(y_k^n - t_k^n)^2$$

其中 y_k^n 是第 n 个样本的第 k 维的网络输出值，t_k^n 为对应的期望值，误差函数 E^N 为两者方差的累积。参数训练过程一般采用 SGD 算法，但是优化算法 LBFGS 在卷积神经网络参数优化中较 SGD 算法效果有明显提高。卷积神经网络实际应用中会遇到诸多问题，如网络的参数如何预学习，收敛条件以及非全连接规则等，均需要实际应用中进一步解决与优化。

　　这里介绍一种我们自己提出的 Boosting-like CNN 算法，关于该算法可以参考作者发表的相关论文。假设对输入样本加一个惩罚权值 α，则第 l 层的输入 u^l 与上一层的输出 x^{l-1} 存在如下线性关系：

$$u^l = \alpha w^l x^{l-1} + b^l, x^l = f(u^l)$$

　　w^l 为输出层的权值，b^l 为偏置，训练过程中不断调整。x^{l-1} 为上一层的输出即本层的输入。f 为输出层的激励函数，一般为 sigmoid 或者双曲正切函数，通过求导得到输出层的灵敏度为：

$$\delta^l = f'(u^l)*(y^n - t^n)$$

误差 E 对权值 W^l 的导数如下所述：

$$\frac{\partial E}{\partial w^l} = \delta^l \frac{\partial u}{\partial w} = x^{l-1} f'(u^l)*(y^n-t^n)\alpha$$

最后，对每个神经元运用 δ 更新法则进行权值更新，方法如下：

$$w^{l+1} = w^l - \eta x^{l-1} f'(u^l)*(y^n-t^n)\alpha$$

　　η 为学习率，由此我们可以获得权值 w 的更新方法。而卷积神经网络本身可以视为多个特征提取器串联，每层为一个特征提取器，提取的特征由低级别到高级别，并且特征提取结果相互制约，一个特征提取器的分类结果不仅和前一层有关系，还受到后一层反馈的制约。假设 CNN 有 n 个阶段，则用 n 个不同阶段的输出训练分类器，可以得到 n 个弱分类器。因此，我们想到 Boosting 算法，在训练过程中不断调节样本权重的分布，以此来给不同的网络层次结构提供更好的分类情况的反馈信息，进而提高网络性能使得网络更加稳定。我们根据输出 y^n 分配正确和错误判别样本的反馈权重，从网络最后一层反馈到网络最开始。

$$od_{t+1} = \begin{cases} |o_t - y_t|\alpha_r, & |o_t - y_t| < 0.5 \\ |o_t - Y_t|\alpha_w, & |o_t - y_t| \geq 0.5 \end{cases}$$

其中 o_t 为网络的实际检测值，y_t 为样本的标签值，od_t 是输出层的灵敏度 δ。α_r 和 α_w 分别为错误分类样本和正确分类样本的惩罚系数。由于本文的深度卷积网络最后分类器采用逻辑回归函数，因此输出值范围为 $(0,1)$，因此 $|o_t-y_t|<0.5$ 时，分类正确；反之分类错误。当样本被分类错误时，增大惩罚权重；反之，样本分类正确时减小权重。这种思想类似 Boosting，通过不断更新样本的权重来训练神经网络，这样可以避免网络过拟合，进而使得表现稳定。

α_r 和 α_w 的求解过程是非常关键的，一种参数求解过程为自适应选择参数方法，根据每次样本的判别情况来确定它的贡献大小，这样每次迭代后就会有一个对样本权重的重新分布 D_i，卷积神经网络的误差函数即为优化目标。如此便将 Boosting 的思想融入卷积训练中，不仅提高了系统性能，还提高了稳定性。具体操作步骤为：首先，初始化样本的权重分布为

$$W_1=(\omega_{11},\cdots\omega_{1i},\cdots,\omega_{1N}),\omega_{1i}=\frac{1}{N},i=1,2,\cdots,N$$

对于训练迭代次数 $m=1,2,\cdots,M$，分类器 $G_m(x)$ 使用带权重分布 D_m 的样本作为它的训练数据。$G_m(x)$ 分类误差率为

$$e_m=P(F_m(x_i)\neq y_i)=\sum_{i=1}^{N}\omega_{mi}I(F_m(x_i)\neq y_i)$$

其中 $I(x,y)$ 为示性函数，ω_{mi} 为第 i 次的权重，更新训练数据集的权值分布

$$W_{m+1}=(\omega_{m+1,1},\cdots\omega_{m+1,i},\cdots,\omega_{m+1,N})\,\omega_{m+1,i}$$
$$=\frac{\omega_{mi}}{N_m}\exp(-\beta_m y_i F_m(x_i)),\quad i=1,2,\cdots,N$$

其中，β_m 是一个表征分类器分类情况的系数，$\beta_m=\frac{1}{2}\ln\frac{1-e_m}{e_m}$。$N_m$ 是一个规范化因子，$N_m=\sum_{i=1}^{N}\omega_{mi}\exp(-\beta_m y_i F_m(x_i))$。在训练过程中，我们使用样本的权重分布 D_m 来更新卷积神经网络中的参数。值得说明的是，采用 Boosting-like 算法对收敛稳定性效果明显。

小　结

深度学习是自动学习分类所需的低层次或高层次特征的算法，例如，对于机器视觉，深度学习算法从原始图像去学习得到它的低层次表达，例如边缘，之后在这些低层次表达的基础上，通过线性或者非线性的组合再建立高层次的表达。深度学习能够更好地表示数据的特征，是由于模型的层次、参数很多，因此模型有能力处理大规模数据，所以对于图像、语音这种特征不明显的问题，能够在大规模训练数据上取得较好的效果。此外，深度学习的框架将特征提取和分类整合在一个框架中，用数据去学习特征，减少了手工设计特征的巨大工作量，因此，不仅效果可以更好，而且使用也较为方便，是机器学习领域的一个研究热点。

第 10 章　调制卷积神经网络（MCN）

10.1　概　　述

前人工作中二值化的卷积核代替全精度卷积核用来压缩网络是一种可行的思路。其中比较有代表性的是局部二值化模式（LBCNN）提出了一种替代方法，降低 CNN 的计算复杂度。LBCNN 通过局部二进制卷积（LBC）层，来近似传统卷积层的非线性激活响应。LBC 层包括固定的稀疏二进制滤波器、非线性激活函数和一组可学习的线性权重，其计算激活的卷积响应图的加权组合。与优化卷积滤波器相比，减少了优化线性权重。根据卷积滤波器的空间尺寸（分别为 3×3 至 13×13 大小的滤波器），可以在学习阶段实现至少 9 倍至 169 倍的参数节省空间，所以由于使用稀疏二进制滤波器而节省了计算和内存。由 LBC 层组成的 CNN 具有低得多的模型复杂度，因此不容易过拟合，并且非常适合于在资源受限环境中学习 CNN。

而在 BinaryConnect 方法中提出，在深层网络的训练和测试期间执行的大多数计算涉及通过实值激活（在反向传播算法的识别或正向传播阶段）或梯度计算（在反向传播中）。而 BinaryConnect 将前向传播和后向传播中用于计算的浮点数权值进行二值化为（−1,1），从而将乘法运算变为加减运算。这样既压缩了网络模型空间，又可以加快运算速度。这样做是有两点理论依据的。首先，积累和平均大量随机梯度需要足够的精度，但噪声权重（我们可以将离散化视为一小部分值作为一种噪声形式，特别是如果我们使这种随机化）与随机梯度下降（SGD）完全兼容，这是深度学习的主要优化算法类型。SGD 通过做出小而嘈杂的步骤来探索参数的空间，并且通过在每个权重中累积的随机梯度贡献来平均噪声。因此，为这些积累过程保持足够的分辨率非常重要，乍看之下表明绝对需要高精度。随机或随机舍入可用于提供无偏的离散化，而 SGD 需要具有至少 6～8 位精度的权重，并且成功地训练具有 12 位动态定点计算的 DNN。BNN 网络提出了一种训练二值化网络的方法，训练中，实时对权值和激活函数都进行了二值化，同时在反传时计算全精度的梯度，来进行权值更新。该文证明了在前向传播过程中，BNN 极大地减少了内存消耗（大小和访问次数），用位移操作代替多数计算操作。而且二值化 CNN 导致卷积核的重复。文献认为在专用的硬件上可以减少 60% 的时间复杂度。文中提出了两种二值化的方法，也是后续我们方法借鉴的二值化的分界方法：

$$x^b = \text{Sign}(x) = \begin{cases} +1, & x \geqslant 0 \\ -1, & \text{其他} \end{cases}$$

其中，x^b 是二值化的变量（权值或者激活层），x 是全精度的变量，这种方法很容易操作实现。而第二种二值化的方法为：

$$x^b = \begin{cases} +1, & p = \sigma(x) \\ -1, & 1-p \end{cases}$$

其中，σ 是"硬激活"函数：

$$\sigma(x) = \text{clip}\left(\frac{x+1}{2}, 0, 1\right) = \max\left(0, \min\left(1, \frac{x+1}{2}\right)\right)$$

随机二值化比激活函数效果更好，但更难实现，因为它需要硬件在量化时生成随机的位。

XNOR-Network 用二元运算找到卷积的最佳近似值，有力支持了我们的神经网络二值化方法可以使 ImageNet 分类准确率与全精度的深度网络的准确率相当，同时需要更少的内存和更少的浮点运算。在二进制权值网络中，所有权值都用二进制值近似。具有二进制权值的卷积神经网络比具有单精度权值的等效网络小得多。此外，当权值是二进制时，可以仅通过加法和减法（无乘法）来估计卷积运算，从而实现 2 倍加速。XNOR 网络的卷积层的权重和输入都用二进制值近似。如果卷积的所有操作数都是二进制的，那么可以通过 XNOR 和位移操作来估计卷积计算。这样做最主要的效果是可以实现显著提速，XNOR-Network 在 CPU 上获得了 58 倍的加速，这样可以实现在存储空间少的便携设备上实现实时训练和应用。图 10-1 中具体描述了用二值化权值训练一个深度神经网络的过程，首先在前向传播过程中，我们通过计算 B 和 A 对每一层卷积层的权值进行二值化，其中 B 为二值化权值，A 是缩放因子；然后在反传过程中，反传梯度通过近似权值 $\widetilde{W}$ 计算而得；最后，通过随机梯度下降法（SGD）实现参数的更新。

样本和类别标号

输入：一个 batchsize 大小的输出 $(\mathbf{I}, \mathbf{Y})$，损失函数 $(\mathbf{Y}, \hat{\mathbf{Y}})$，当前权值 W^t 和当前学习率 η^t。
输出：更新后的权值 W^{t+1} 和更新后的学习率 η^{t+1}。

1：二值化权值：
2：对于 $l = 1 \sim L$：
3：　　对于第 l 层中的第 k 个权值：
4：　　　　$A_{lk} = \dfrac{1}{n}\|W_{lk}^t\|_{l1}$
5：　　　　$B_{lk} = \text{sign}(W_{lk}^t)$
6：　　　　$\widetilde{W}_{lk} = A_{lk}B_{lk}$
7：$\hat{\mathbf{Y}} = \textbf{BinaryForward}(I, B, A)$　　　　//类似标准前向传播过程
8：$\dfrac{\partial C}{\partial \widetilde{W}} = \textbf{BinaryBackward}\left(\dfrac{\partial C}{\partial \hat{\mathbf{Y}}}, \widetilde{W}\right)$　　//类似标准反向传播过程，其中用 $\widetilde{W}$ 代替了 W^t
9：$W^{t+1} = \textbf{UpdateParameters}\left(W^t, \dfrac{\partial C}{\partial \widetilde{W}}, \eta_t\right)$　//利用更新算法（比如 SGD 算法或者 ADAM 算法）
10：$\eta^{t+1} = \textbf{UpdateParameters}(\eta^t, t)$　　　　//任何学习率对应表

图 10-1　用二值化权值训练一个 L 层的深度神经网络

然而，与使用原始的全精度权值相比，二值化模型的性能通常会显著下降。这主要是由于以下原因：①CNN 的二值化基本上可以基于离散优化来解决，然而这在以前的工作

中一直被忽视；②现有方法未考虑反向传播过程中的量化损耗、权值损耗和类内紧凑性。③使用一组二进制卷积核比只使用一个二进制卷积核能更好地近似全精度卷积核。

我们提出了一种新颖的二值化体系结构，以解决这些问题，以实现对 DCNN 压缩的同时又保持精度。我们将调制卷积核（M-Filters）引入深度神经网络，以便更好地近似原始卷积核。为此，设计了一种简单且特定的调制过程，该过程可在每一层复制并且可以容易地实现。二值化或量化过程被定义为一个投影，它导致一个新的损失函数，可以在反向传播的同一个框架中解决。此外，我们进一步考虑损失函数中的类内紧致性，并获得调制卷积网络（modulated convolutional network，MCN）。如图 10-3 所示，M-Filter 和二值化卷积核可以端到端的方式联合优化，从而形成紧凑和便携的学习架构。由于模型复杂度低，这种架构不易过度拟合，适用于资源受限的环境。具体而言，与现有的基于 CNN 的二值化卷积核相比，MCN 将全精度模型的卷积层所需的存储空间是原来的 1/32，同时实现了迄今为止的最佳性能，甚至接近全精度卷积核。主要贡献如下。

（1）提出了基于离散优化方法构建二值化的深度神经网络，该方法可以在端到端框架中学习更新二值化卷积核和学习到一组最佳的调制卷积核。与 XNOR-Network 方法不同的是，在权值计算中只考虑卷积核重建，基于学习机制的离散优化提供了一种综合的方法来计算二值化 CNN。

（2）我们开发了调制卷积核（M-Filters）来重建非二元化卷积核，这形成了一种新的体系结构来计算不同的 CNN。通过考虑损失函数的类内紧凑性以及卷积核损失和 softmax 损失，进一步提高了性能。

（3）高度压缩的 MCN 模型优于最先进的二值化模型，可与全精度的残差网络等网络相媲美。

10.2　损　失　函　数

为了约束 CNN 具有二值化权值，MCN 引入了一种新的损失函数。考虑了两个方面：基于二值化滤波器的非二进制卷积滤波器重构；基于输出特征的类内紧性。以新的损失函数由三部分组成，包括 softmax 损失函数、核损失函数和中心损失函数。为了更好理解，我们在图 10-2 中列出了后文中要用的符号。另外，C_i^l 表示第 l 层卷积层中的未二值化的原始卷积核，其中，$l \in \{1, \cdots, N\}$；$\hat{C}_i^l$ 表示对 C_i^l 二值化后得到的二值化卷积核；

C：未二值化核	$\hat{C}$：二值化核	M：调制核
Q：重构核	$\vec{M}$：所有层的调制核	
i：核的序号	j：平面的序号	K：核的平面数
m：样本序号	l：层序号	N：层数
g：输入特征图序号	h：输出特征图序号	

图 10-2　符号说明

M^l 表示第 l 层卷积层的调制卷积核，一个卷积层共享一个调制卷积核，即该卷积层所有的 C_i^l 都由一个共同的 M^l 调制，M_j^l 表示 M^l 的第 j 个平面；。表示调制过程，则核损失函数和中心损失函数（center loss）为：

$$L_M = \frac{\theta}{2} \sum_{i,l} \| C - C \circ M \|^2 + \frac{\lambda}{2} \sum_m \| f_m(\hat{C}, M) - \overline{f}(\hat{C}, M) \|^2 \tag{10-1}$$

其中 θ 和 λ 是超参数，$\vec{M} = \{M^1, M^2, \cdots, M^N\}$ 为调制核，$\hat{C}$ 表示所有层的二值化核。在式（10-1）中定义的。运算用来通过二值化卷积核和调制卷积核重构未二值卷积核，即为式（10-1）中的第一项——核损失，第二项是用来增强类内紧致的中心损失函数 $f_m(\hat{C}, M)$ 表示最后一个卷积层第 m 个样本的特征图，$\overline{f}(\hat{C}, M)$ 表示所有样本的特征图的平均值。为了减少存储空间，训练过后我们只保留二值化卷积核和共享的调制卷积核。最终定义损失函数为：

$$L = L_S + L_M \tag{10-2}$$

其中，L_S 表示传统的损失函数，比如这里用的是 Softmax 损失函数，该函数是调制卷积网络的损失函数。

10.3　前　向　卷　积

我们在所有的卷积层中都用三维卷积核，其中每个三位卷积核的尺寸为 $K \times W \times W$（一个卷积核），即有 K 个平面，每个平面都是一个尺寸为 $W \times W$ 的二维卷积核。为了用三维卷积核，我们扩张网络的输入的通道，比如，当 $K = 4$ 时，从 RGB 三通道扩展为 RRRRGGGGBBBB 或者 RGB+X，此处 X 代表任何一个通道。经过扩展的步骤，我们可以直接在卷积过程使用前面提到的三维卷积核。

为了重构全精度核，我们引入二值化核和调制核的调制过程，一个调制核被看作为二值化核的权重矩阵，它的尺寸为 $K \times W \times W$，如果用 M_j 表示调制卷积核 M 的第 j 个平面的话，我们定义。运算为：

$$\hat{C}_i \circ M = \sum_j^K \hat{C}_i * M_j' \tag{10-3}$$

其中，$M_j' = (M_j, \cdots, M_j)$ 是个三维矩阵，通过对二维矩阵 M_j 复制 K 份得到的，$j = 1, \cdots, K$，$*$ 是点乘的操作符号。在式（10-3）中，M 是个可学习的核，用来生成基于原始卷积核 C_i 和运算。的重构卷积核 $\hat{C}_i$，并且会产生式（10-1）中的损失值，对于卷积核的调制过程如图 10-3 所示。另外，运算。会产生一个新矩阵（称为重构卷积核），比如 $\hat{C}_i * M_j'$，这个过程可以表示为下列公式：

$$Q_{ij} = \hat{C}_i * M_j' \tag{10-4}$$

$$Q_i = \{Q_{i1}, \cdots, Q_{iK}\} \tag{10-5}$$

在测试过程中，Q_i 不是定义好的，而是通过式（10-4）计算得到的，一个例子正如图 10-3 中所示，用重构卷积核 Q_i 去拟合原始卷积核 C_i 来缓解由于二值化过程造成的信息损失问题。另外，在调制过程中，需要 $M \geqslant 0$。

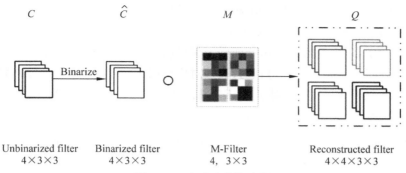

图 10-3 生成重构核过程

在式(10-4)中的二值化卷积核的值有最近邻聚类思想得到：

$$\hat{c}_i = \begin{cases} a_1, & |c_i - a_1| < |c_i - a_2| \\ a_2, & \text{其他} \end{cases} \tag{10-6}$$

其中的 c_i 和 $\hat{c}_i$ 分别是 C_i 和 $\hat{C}_i$ 中的数值，a_1 和 a_2 通过对全精度的卷积核的数值进行 kmeans 聚类算法求得。虽然 c_i 是一个浮点数，但是可以用两个值去表示，存储时对两个数进行编码，即可压缩神经网络模型的存储空间。

按照图 10-3 中生成的调制核的方式，一个原始卷积核通过调制卷积核调制后，能够生成一组维度为 $K \times K \times W \times W$ 的重构卷积核，第一个 K 对应调制卷积核的通道数，第二个 K 对应原始卷积核的通道数。

在网络里，重构卷积核用来前向卷积生成特征图，用第 l 层的重构核 $\boldsymbol{Q}^l$ 去计算 $l+1$ 层的输出特征图 F^{l+1}，则输出特征图为：

$$F^{l+1} = \mathrm{MCconv}(F^l, \boldsymbol{Q}^l) \tag{10-7}$$

其中，MCconv 表示卷积运算。图 10-4 是一个简单的前向卷积过程，一个输入特征图和一个输出特征图。在 MCconv 中，一个输出特征图的一个通道由下面公式得到：

$$F_{h,k}^{l+1} = \sum_{i,g} F_g^l \otimes \boldsymbol{Q}_{ik}^l \tag{10-8}$$

$$F_h^{l+1} = (F_{h,1}^{l+1}, \cdots, F_{h,K}^{l+1}) \tag{10-9}$$

其中 $\otimes$ 表示卷积运算，$F_{h,k}^{l+1}$ 是 $l+1$ 卷积层的第 h 个特征图的第 k 个通道，F_g^l 表示 l 层卷积层的第 g 个特征图。在图 10-4 中，$h=1, g=1$，即输入特征图的尺寸为 $1 \times 4 \times 32 \times 32$，

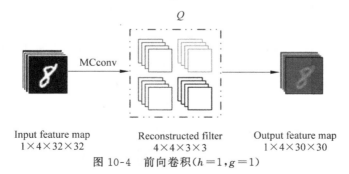

图 10-4 前向卷积($h=1, g=1$)

通过一组重构卷积核卷积后,生成的输出特征图尺寸为 $1\times4\times30\times30$。也就是说通过 MCconv 卷积层后,输出特征图的通道数和输入特征图通道数保持一致。

在图 10-5 中,以多个输入输出特征图为例说明,一个输出特征图是 10 个输入特征图和 10 组重构卷积核卷积后加和得到的,具体对应到图 10-6,对于第一个输出特征图,$h=1$,$i=1,\cdots,10$,$g=1,\cdots,10$,对于第二个输出特征图,$h=2$,$i=11,\cdots,20$,$g=1,\cdots,10$。其中各个变量见式(10-8)和式(10-9)。

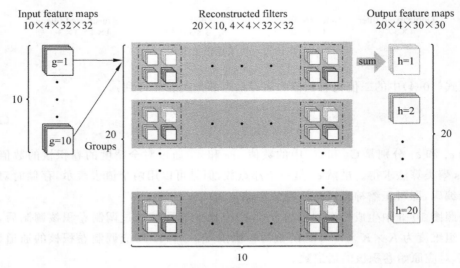

图 10-5　MCN 网络多输入输出通道的卷积层($g=10$,$h=20$)

考虑第一层卷积层时,若网络的输入图片的尺寸为 32×32,首先,图片的每个通道先复制 4 份,生成最终输入到网络的输入,尺寸为 $4\times32\times32$。

值得指出的是,每个特征映射中的输入和输出通道的数量是相同的,因此通过简单地在每一层复制相同的 MCconv 模块可以容易地实现 MCN 网络。

10.4　卷积神经网络模型的梯度反传

在所提出的新的卷积神经网络模型中,需要被学习更新的参数为原始卷积核C_i和调制卷积核M,这两种卷积核共同学习,在每个卷积层中,先更新原始卷积核C_i,再更新调制卷积核M。

每层的原始卷积核C_i都需要更新,定义δ_C为原始卷积核C_i的梯度,即

$$\delta_C=\frac{\partial L}{\partial C_i}=\frac{\partial L_s}{\partial C_i}+\frac{\partial L_M}{\partial C_i} \tag{10-10}$$

$$C_i=C_i-\eta_1\,\delta_C \tag{10-11}$$

其中,L 表示训练误差,η_1 为学习率,进一步可以得到:

$$\frac{\partial L_s}{\partial C_i}=\frac{\partial L_s}{\partial Q}\cdot\frac{\partial Q}{\partial C_i}=\sum_j\frac{\partial L_s}{\partial Q_{ij}}\cdot M_j' \tag{10-12}$$

$$\frac{\partial L_M}{\partial C_i} = \theta \sum_j (C_i - \hat{C}_i \circ M_j) \tag{10-13}$$

其中 $\hat{C}_i$ 是原始卷积核 C_i 二值化后得到的。

在本卷积神经网络中，每次迭代时，更新原始卷积核后，在每层卷积层，都需要更新调制卷积核，定义 δ_M 是调制核的梯度：

$$\delta_M = \frac{\partial L}{\partial M} = \frac{\partial L_S}{\partial M} + \frac{\partial L_M}{\partial M} \tag{10-14}$$

$$M \leftarrow |M - \eta_2 \delta_M| \tag{10-15}$$

进一步，我们可以得到：

$$\frac{\partial L_S}{\partial M} = \frac{\partial L_S}{\partial Q} \cdot \frac{\partial Q}{\partial M} = \sum_{i,j} \frac{\partial L_S}{\partial Q_{ij}} \cdot C_i \tag{10-16}$$

根据公式（10-1），可以得到：

$$\frac{\partial L_M}{\partial M} = -\theta \sum_{i,j} (C_i - \hat{C}_i \circ M_j) \cdot \hat{C}_i \tag{10-17}$$

其中，η_2 为调制核的学习率。

通过对调制核的更新，可以达到调制核自学习的目的，使网络的性能更好。

关于中心损失的求导细节可以从相关文献中找到。在图 10-6 中描述了 MCN 的算法。

参数说明： L 是损失函数，Q 是重构函数，λ_1 和 λ_2 是衰减系数，N 是网络层数，Binarize() 通过公式（10-6）对卷积核二值化，Update() 基于下面算法更新参数。

输入： 一组 minibatch 的输入数据和标签，未二值化的原始卷积核 C，调制卷积核 M，和它们的学习率 η_1 和 η_2。

输出： 更新后的未二值化卷积核 C^{t+1}，更新后的调制卷积核 M^{t+1}，更新后的相应的学习率 η_1^{t+1} 和 η_2^{t+1}。

1: {1. 计算参数的反传梯度}
2: {1.1 前行传播：}
3: 　　对于 $k = 1 \sim N$：
4: 　　　　$\hat{C} \leftarrow$ Binarize(C)（根据式（10-6））
5: 　　　　根据式（10-4）、式（10-5）计算 Q
6: 　　　　根据式（10-7）～式（10-9）计算卷积特征图
7: {1.2 反向传播（注意梯度不是二值化值）：}
8: 　　计算 $\delta_Q = \dfrac{\partial L}{\partial Q}$
9: 　　对于 $k = N \sim 1$：
10: 　　　　根据式（10-10）、式（10-12）～式（10-13）计算 δ_C
11: 　　　　根据式（10-14）、式（10-16）～式（10-17）计算 δ_M
12: {2. 累加参数梯度：}
13: 　　对于 $k = 1 \sim N$：
14: 　　　　$C^{t+1} \leftarrow$ Update(δ_C, η_1)
15: 　　　　$M^{t+1} \leftarrow$ Update(δ_M, η_2)
16: 　　　　$\eta_1^{t+1} \leftarrow \lambda_1 \eta_1$
17: 　　　　$\eta_2^{t+1} \leftarrow \lambda_2 \eta_2$

图 10-6　MCN 训练算法

在 MCN 中，重构卷积核 Q_{ij} 由矩阵 M'_j 计算而得，而矩阵 M'_j 中的所有数可以设置为同一个数，比如用 M'_j 中数的平均值，这样会进一步减少 M 矩阵的存储空间。如果用这样的 M 去进行调制，那么一组二值化卷积核就不是用 K 组矩阵调制，而是用一个数去调制，这样的特殊的 MCN 变成 MCN-1，在后面的实验中，我们会对比 MCN 和 MCN-1 的效果。

10.5　MCN 网络的实验验证

我们将 MCN 用在两个任务上对网络进行验证，即图像分类和目标检测。一共包括 6 个数据集，其中图像分类数据集有 MNIST、SVHN、CIFAR-10、CIFAR-100 和 ImageNet 数据集，目标检测数据集有 PASCAL VOC2007 数据集。MCN 中的特殊的卷积层可以用于任何有卷积层的神经网络，比如简单几层的 CNN，VGG，AlexNet，还有残差网络（ResNets）上。而在实验中，我们在图像分类任务中，主要用的基础网络包括简单的卷积网络和宽残差网络（Wide-ResNets），在目标检测任务上，主要用的基础网络是 Faster-Rcnn 网络。在实验中，我们用的实验机器是 4 块 NVDIA GeForce GTX 1080Ti GPU。在下面的文章中，U-MCN 是未二值化的全精度 MCN 的简称。

10.5.1　实验数据集

在实验中，共用到了 MNIST、CIFAR-10/100、SVHN、ImageNet、PASCAL VOL2007 六个数据集。下面详细介绍一下各个数据集。

MNIST 数据集是美国国家标准与技术研究院（NIST）制作的。训练集包括由 250 名不同的人编写的数字，其中 50% 是高中生写的，50% 是人口普查局的工作人员写的。测试集也是手写数字数据的相同比例。MNIST 数据集一共包括 70000 张图片，其中有 60000 张为训练数据集，10000 张是测试数据集，这些图片都是尺寸为 32×32 的灰度图（RGB 通道数为 1），图片中的内容都是手写体字符 0-9，并且字符进行了集中对齐，并且图片都进行了归一化处理。具体数据集内容如图 10-7 所示。

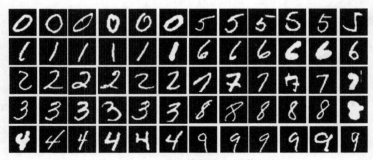

图 10-7　MNIST 数据集的图像示例

1. CIFAR-10/100 数据集

CIFAR-10 和 CIFAR-100 是个自然图像的带标签的分类数据集,都出自同一个规模更大的数据集。CIFAR-10 一共包含 60000 张图片,其中有 50000 张训练数据集,一共分为五个数据批次,每一批都是 10000 张图片;有 10000 张图片用于测试,单独构成一批。这些图片都是 RGB 三通道彩色图片,CIFAR-10 数据集一共有 10 类图像:鸟、狗、猫、鹿、马、羊、青蛙、卡车、飞机、汽车,每类包含 5000 张图片,示例图像如图 10-8 所示。而 CIFAR-100 数据集类似于 CIFAR-10,不同的是它有 100 个类,每个类中有 600 个图像。每个类别都有 500 个训练图像和 100 个测试图像。CIFAR-100 中的 100 个类又分为 20 个超类。每个图像都有一个“精细”标签(所属的类)和一个“粗糙”标签(所属的超类)。

图 10-8　CIFAR-10 数据集示例图像

2. SVHN 数据集

街景房号数据集(SVHN)来自于谷歌街景图片,是真实世界的数字图像集合,数据集里的图片都是尺寸为 32×32 的 RGB 图片,而且图像进行了归一化和对齐处理,它和 MNIST 类似,都以单个字符为中心,然而 SVHN 数据集中包括诸如照明变化,旋转和复杂背景等众多挑战。这个数据集一共有 60 万张图片:73257 张用于训练,26032 张用于测试,而 531131 张是附加的图片,但是在我们的实验里没有用这部分附加图片,图 10-9 是 SVHN 数据集的示例图。

3. ImageNet 数据集

ImageNet-2012 分类数据集是目前世界上图像识别最大的数据库,都是自然场景和生活场景里的各种图片,一共包括 1000 个类别,其中有 128 万张图片作为训练样本,5 万张图片作为验证集样本,图 10-10 是 ImageNet 的数据集示例图。和 MNIST、SVHN、

图 10-9　SVHN 数据集示例图

CIFAR 数据集不同的是，ImageNet 数据集中的图片分辨率很高，图片尺寸大。另外，每张图片中通常不止一个目标物体，这对于分类准确率有较大的挑战。在实验中，在 ImageNet 数据集上进行了两次测试，首先在子集 ImageNet-100 上进行测试，再在 ImageNet 全集上测试。其中子集 ImageNet-100 是个 100 类的子集，这 100 类是随机从

图 10-10　ImageNet 数据集示例图

全集中挑出来的 100 类。

4. PASCAL VOC 2007 数据集

PASCAL VOC 2007 数据集一共有 9963 张标注的图片,其中 2501 张图片用于训练,2510 张图片用于交叉验证,剩下的 4092 张图片用于测试,该数据集一共有 20 类。数据集可用于图像分类任务、目标检测任务以及场景分割任务的训练和测试。用训练集合和交叉验证集合的数据来进行训练,用测试集合验证测试模型效果,测试时使用的测量标准为平均准确率(mAP),即把和真实框交并比(IOU)大于 50% 的框进行平均准确率的求值。图 10-11 为 PASCAL VOC 2017 示例图。

图 10-11　PASCAL VOC 2017 数据集示例图

10.5.2　实验与实现细节

在实验中,我们用的调制卷积核和卷积核的尺寸为 $4 \times 3 \times 3 (K = 4)$,将传统的卷积层用新设计的调制卷积层代替,如图 10-12 所示,该网络正是用于 MNIST 数据集上的结

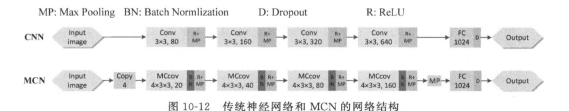

图 10-12　传统神经网络和 MCN 的网络结构

构。在所有的实验中，在卷积层后加入最大池化层和 ReLU 激活层，在全连接层后加入 dropout 层来避免过拟合。在 CIFAR10/100、SVHN 和 ImageNet 数据集上，我们基于宽残差网络来测试 MCN，宽残差和 MCN 的基本模块在图 10-13，宽残差将整个网络分为 4 个阶段。由于 1x1 内核不传播任何调制卷积核 M-filter 信息，因此 bottleneck 结构不在 MCN 中使用。除了 Wide-ResNets 中的普通卷积层（Conv）被调制卷积层（MCconv）取代之外，Wide-ResNets 和 MCN 的结构是相同的。学习率 η_1 和 η_2 的初始值分别设定为 0.1 和 0.01。学习率衰减设定为 0.2。

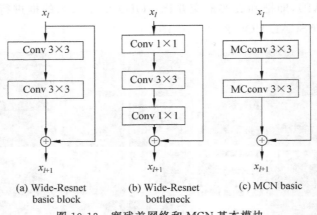

图 10-13　宽残差网络和 MCN 基本模块

1. 参数测试

1）参数 θ 和 λ 的影响

在公式（10-1）中有超参数 θ 和 λ，分别和核损失以及中心损失有关，在测这两个参数影响的实验中，用 CIFAR10 数据集，MCN 网络的深度为 20 层，宽度为 16-16-32-64。在训练过程中，用 Adadelta 优化算法去反向传播，batchsize 大小为 128。用不同 θ 和 λ 的 MCN 的性能如图 10-14 所示，在测试 θ 时，固定 λ，然后在固定 θ，测试 λ。通过图 10-14 可以看出，θ 和 λ 不同时，模型的性能比较稳定。

2）聚类的类数

我们展示了用聚类算法聚成两类去进行二值化，在这部分实验中，研究不同聚类的类数对于模型 MCN 的影响，结果如图 10-15。可以看到，随着聚类中心数量的增加，精度也会提高，中心损失也可以用来提高性能。但是，为了节省存储空间并与其他二进制网络进行比较，在后续实验中 MCN 均进行二值化，即使用了两个聚类中心。与相应的全精度网络相比，二值化网络可以在卷积层中节省 32 倍的存储空间，其中 4 字节（32 位）用于表示实际值。由于 MCN 仅包含一个未二值化的完全连接层，因此整个网络的存储显著减少。

3）通道 K

在这里测试 M-Filter 的通道数 K 对于模型的影响，结果如图 10-16 所示，重构原始卷积核时用到的 M-Filter 的通道数越多，则效果越好，比如，当 K 从 4 到 8 时，准确率提

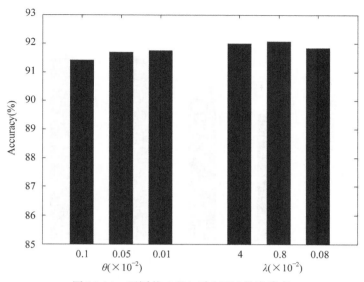

图 10-14　不同的 θ 和 λ 时 MCN 的准确率

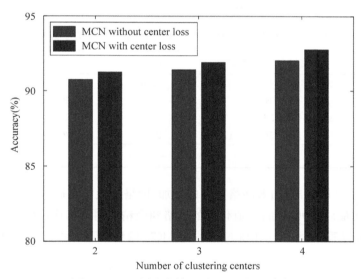

图 10-15　不同聚类数目时 MCN 的准确率

高了 1.02％，为了平衡性能和计算、存储空间复杂度，在后续实验中选择 $K=4$。

　　4）MCN 的宽度

　　在 CIFAR10 数据库上测试神经网络宽度对 MCN 的影响，基于宽残差网络的 MCN 的各个阶段的基本宽度设为 16-16-32-64，在此宽度上，增大宽度，来测试 MCN 的性能。同时为了和最新的二值化压缩网络 LBCNN 对比，所有的网络的深度都设为 20 层。实验结果如表 10-1，第二列为网络的宽度，第三列为网络的参数量，第四列为对应的宽残差的结果，该卷积层没有被调制卷积层替换，第五列为全精度的 MCN 的准确率，最后两列是

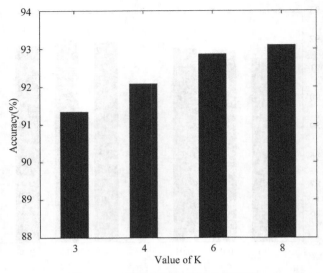

图 10-16　不同 K 时 MCN 的准确率

二值化的 MCN 以及 MCN-1 的准确率，同时也和 LBCNN 进行对比。

表 10-1　20 层的 U-MCN 和 MCN 在 CIFAR-10 的准确率　　　　单位：%

模　型	网络宽度	参数量（M）	WRNs	U-MCN	MCN	MCN-1
MCN	16-16-32-64	1.1	92.31	93.69	92.08	92.10
	16-32-64-128	4.3	—	94.88	93.98	93.94
	32-64-128-256	17.1	—	95.50	95.13	95.33
	64-64-128-256	17.2	95.75	95.72	95.30	95.34
LBCNN(q=384)	—	61	—	—	92.96	—

　　从表 10-1 中可以看出，随着网络宽度的增加，网络的性能在提升，同时网络的参数量也在增加。对比最后两列可知，二值化后的网络和全精度网络相比，网络的精度没有大幅度下降。同时可以看出，相比于 LBCNN 网络，MCN 网络在更少参数下（61M vs. 17.2M），达到了更好的准确率（92.96% vs. 95.30%）。后面四列可以看出 MCN 可以获得和全精度 wide-ResNet 网络相当的性能。

2. 模型效率

1）模型收敛效率

MCN 模型基于二进制化的训练过程，在 Torch 平台上实现。宽度为 16-16-32-64 的 20 层 MCN 在训练 200 代数之后收敛无波动，使用两块 1080tiGPU 的训练过程大约需要 3 小时。图 10-17 中绘制了 MCN 和 U-MCN 的训练和测试准确率曲线，U-MCN 的架构与 MCN 的架构相同。其中实线是训练过程的曲线，虚线是测试过程中的曲线。可以清楚地看出 MCN 模型（蓝色曲线）以与其对应的全精度 U-MCN 模型（红色曲线）具有相似的速度收敛。

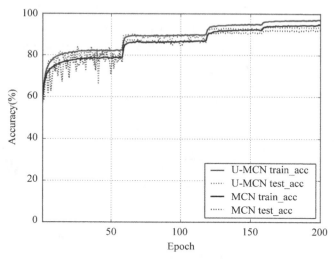

图 10-17　训练和测试曲线图

2）模型时间分析

通过对比 MCN 模型和 LBCNN 模型来分析模型测试时间，在训练好的模型上，当 MCN 和 LBCNN 模型准确率近似（93.98% vs. 92.96%）时，它们跑完所有测试样本的时间分别为 8.7 秒和 160.6 秒。当 LBCNN 模型的参数量和 MCN 模型类似时（430 万个），LBCNN 的测试时间为 16.2s，仍比 MCN 模型的测试时间慢很多，而且准确率也变低很多。MCN 模型在保持性能同时效率较高的原因是 M-Filter 多余的通道，可以用较少的参数就完成比较好的表征能力。

3. 可视化

对于 MCconv 卷积层输出的特征图和 M-Filter 矩阵不同位置的数值进行了可视化。如图 10-18 所示，与传统 CNN 类似，MCN 模型中来自不同卷积层的特征图可以捕获丰富的层次结构信息。通过基于调制卷积核 M-Filter 得到的重构卷积核 Q，通过重构卷积核获得卷积特征，对于不同的 M-Filter，特征图也不同。总之，不同的 MCconv 层和 M-Filters 可以捕获层次结构和各种信息，从而实现基于压缩模型的高性能。在图 10-19 中，

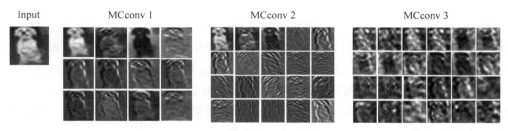

图 10-18　不同卷积层的输出特征图

画出了在 CIFAR-10 实验中 M-Filter 矩阵里不同位置上数值变化曲线，图中 M-Filter1、M-filter2、M-Filter3 和 M-Filter4 分别对应 M_1'、M_2'、M_3' 和 M_4' 几个矩阵，而虚线代表每个矩阵的平均值的变化曲线。可以看出，每个 M-Filter 的平均值和矩阵中的九个数值的学习趋势类似，这也可以说明只用一个平均值代替所有九个数值的 MCN-1 模型在存储空间进一步压缩的情况下，性能和 MCN 类似。

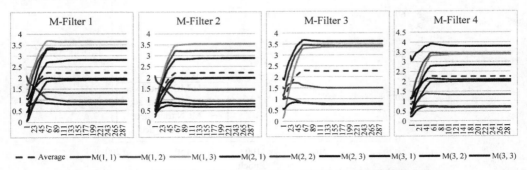

图 10-19　CIFAR-10 实验中中 M-Filter 矩阵各个通道数值的曲线

4. MNIST、SVHN 和 CIFAR-10/100 实验

在各个数据集上进行了结果测试，各个数据集上的准确率如表 10-2 所示，我们也将 MCN 的性能和各种用二值化来压缩网络模型的方法以及未压缩的神经网络进行对比，比如 LBCNN，BinaryConnect，Binarized Nenural Networks（BNN），XNOR-Net，RestNet-101 和 Maxout Network。对于每个数据集，MCN 模型的训练方法和参数将在以下部分中描述。

表 10-2　四个数据集上的分类准确率　　　　　　　　单位：%

模　型	MCN-1	MCN	LBCNN	BCN	BNN	XNORNet	ResNet101	Maxout
MNIST	—	99.52	99.51	98.99	98.60	—	—	99.55
CIFAR10	95.47	95.39	92.99	91.73	89.85	89.83	93.57	90.65
SVHN	—	96.87	94.50	97.85	97.49			97.53
CIFAR100	77.96	78.13	—				74.84	61.43

1）MNIST 实验

图 10-12 展示了在 MNIST 数据集上用的神经网络结构，因为 MNIST 数据集简单数据少，所以基于简单的四层卷积神经网络搭建的 MCN，MCN 网络包含四层调制卷积层和一层全连接层，在每个卷积层后，加入了最大池化层和 ReLU 激活层，在全链接层后加入 dropout 层避免过拟合。每次测试跑的 epoch 个数为 200 个，一共测试五次然后取平均值，从表 10-5 可以看出，MCN 在 MNIST 测试集上的准确率达到 99.52%，比其他的二值化方法的准确率高，相比于全精度网络，准确率并未大幅度下降。

2）SVHN 实验

在这个数据集上用的 MCN 网络的深度为 28 层,宽度设置为 64-64-128-256,训练的迭代数为 200 代,学习率每 30 代下降一次,而对比的 LBCNN 网络,有 80 层卷积层,512 个 LBC 核,全链接层有 512 个隐藏结点。相比于 LBCNN,MCN 在 SVHN 数据集上提高了 1.2 个百分点,在这里只用了 SVHN 原始数据集,没有用扩展后的数据集。

3）CIFAR-10/100

在数据集 CIFAR10 和 CIFAR100 上的用的网络模型和训练参数一样,都是 34 层的 MCN 网络,网络宽度为 64-64-128-256,全链接层的隐藏结点数为 512 个,MCN 网络在 CIFAR10 和 100 上准确率达到 95.39% 和 78.13%,从表 10-2 中可以看出,相比于目前性能最好的二值化网络来说,MCN 的性能更高。相比于全精度网络 ResNet-101 模型,MCN 也有更好的性能,这也进一步说明了我们模型的性能好,图 10-17 展示了 MCN 和 U-MCN 模型在 CIFAR-10 数据集上的训练和测试曲线。另外,我们也用 VGG-16 模型作为基础模型来测试 MCN 的性能,在 CIFAR-10 数据集上的准确率达到了 93.42%,比全精度的 VGG-16 模型的性能（93.68%）相当,这进一步说明 MCN 在压缩同时,性能也基本没有下降。

4）MCN 和 MCN-1 模型

我们在四个数据集上也比较了 MCN-1 和 MCN,这表明 MCN-1 实现了与 MCN 类似的性能。例如,MCIF-1 和 MCN 分别在 CIFAR-10 上准确率分别达到 95.47% 和 95.39%,在 CIFAR-100 上达到 77.96% 和 78.13%。MCN-1 和 MCN 的性能相当的原因应该是二值化引起的梯度变化不是很大。此外,我们的架构使用一组二进制卷积核来重构原始卷积核,从而防止性能损失。图 10-19 表示训练期间 M-Filter(MCN) 的数值曲线及其平均值（MCN-1）曲线,两个曲线的收敛趋势一致,另外,几个平均数值非常相似,因此在我们的调制过程中实际上可以用单个因子（例如,整个平均值）代替,这可以进一步简化 MCN,降低其存储空间。

5. ImageNet 数据集实验

为了进一步验证 MCN 方法,在 100 类和全集的 ImageNet 数据集上进行实验,在子集和全集上,实验用的基础网络均为宽残差网络（WRN）,深度是 34 层,宽度为 32-64-128-256,训练的代数为 120 代,初始学习率设为 0.1,每 30 代下降一次学习率,下调倍数为 0.1。

1）ImageNet-100 实验

Top-1 和 Top-5 实验结果如表 10-3 所示。测试误差曲线如图 10-20 中的(a)和(b)所示,可以看到 top1 和 top5 在 30 个时期后具有相似的收敛速度。同时,我们将 MCN 模型与 LBCNN 在 ImageNet-100 上的最佳结果的模型进行比较。LBCNN 在完全连接层中具有 48 个卷积层（24 个 LBC 模块）,512 个 LBC 卷积核,512 个输出通道,0.9 的稀疏度和 4096 个隐藏单元。表 10-3 可以看出 MCN 比 LBCNN 在 ImageNet-100 数据集上的准确度高 20.58%。同时与 WRN 相比,MCN 在相同的架构下性能只有稍微下降。图 10-20

可以看出,模型训练初期不稳定,这应该是由于卷积核二值化的核损失在初始阶段较大导致的,图 10-20(c)可以验证这一猜想,训练初期的卷积核损失很大。不过 MCN 在大约 35 个代数后表现出稳定的性能,这表明不稳定的开始不会影响算法的优化。

表 10-3　ImageNet-100 数据集上的分类准确率　　　　　　　　　（%）

模　型	MCN	LBCNN	WRN
Top-1	83.82	63.24	84.96
Top-5	94.80	—	95.64

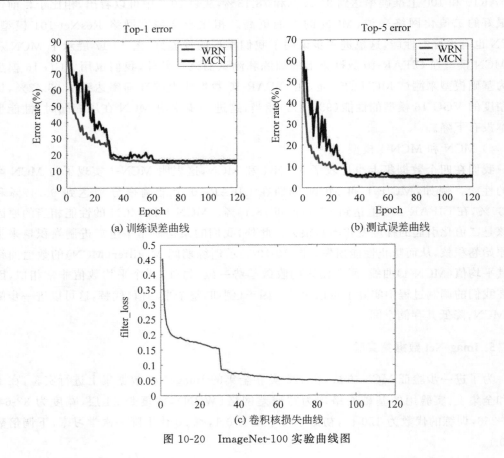

(a) 训练误差曲线　　　　　　　　　　　　　(b) 测试误差曲线

(c) 卷积核损失曲线

图 10-20　ImageNet-100 实验曲线图

2）ImageNet 全集

在 ImageNet 全集上,我们用 34 层的 MCN 进行实验,网络宽度为 32-64-128-256,和 ImageNet-100 上用的网络结构一样。从表 10-4 可以看出,相比于未二值化的全精度 U-MCN 模型（67.11%）相比,二值化后的模型 MCN 的准确率为 65.12%,压缩的同时保持了较好的性能,Top-5 上的准确率也可以得出类似结论。同时通过对比 MCN-1 模型和 MCN 模型的准确率可以得出,M-Filter 矩阵中用平均值和不同的值准确率没有明显差别。

表 10-4 ImageNet 全集上的分类准确率 （%）

模　型	MCN-1	MCN	U-MCN	XNOR-Net
Top-1	66.52	65.12	67.11	51.20
Top-5	87.21	87.23	88.09	73.20

第11章 强化学习

引 言

强化学习(Reinforcement Learning,又称再励学习,评价学习)是一种重要的机器学习方法,在智能控制机器人及分析预测等领域有许多应用。但在传统的机器学习分类中没有提到过强化学习,而在连接主义学习中,把学习算法分为三种类型,即非监督学习(Unsupervised Learning)、监督学习(Supervised Learning)和强化学习(Reinforcement Learning)。

11.1 强化学习概述

强化学习指从环境状态到行为映射的学习,以使系统行为从环境中获得的累积奖励值最大。在强化学习中,我们设计算法来把外界环境转化为最大化奖励量的方式的动作。我们并没有直接告诉主体要做什么或者要采取哪个动作,而是主体通过看哪个动作得到了最多的奖励来自己发现。主体的动作的影响不只是立即得到的奖励,而且还影响接下来的动作和最终的奖励。试错搜索和延期强化这两个特性是强化学习中两个最重要的特性。

强化学习讲的是从环境中得到奖励,根据奖励执行相应的动作,通过不断地收敛数据从而达到最优的目的策略。根据自身的理解,描绘出强化学习的学习策略框图,如图11-1所示。

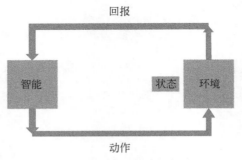

图 11-1 学习策略框图

强化学习就是执行机构与环境之间的交互,根据获得奖励(Reward)的大小选择不同的动作(Action)执行,最后最大化所获得的奖励(Reward)。根据不同的奖励安排不同的策略(Policy),因此,根据交互模型,画出如图11-2所示的要素图。

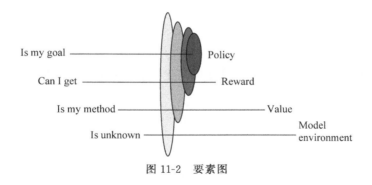

图 11-2　要素图

根据 Richard S.Sutton 的 Reinforcement Learning 所讲述，强化学习要素为：一个策略（Policy），一个奖励函数（Reward Function），一个估价函数（Value Function）和一个环境模型（A Model Of The Environment）。

11.2　强化学习过程

11.2.1　马尔科夫性

马尔科夫性因俄罗斯数学家安德烈·马尔科夫（俄语：Андрей Андреевич Марков）得名，是数学中具有马尔科夫性质的离散时间随机过程。该过程中，在给定当前知识或信息的情况下，只有当前的状态用来预测将来，过去的状态（即当前以前的历史状态）对于预测将来（即当前以后的未来状态）是无关的。

而对于强化学习，如下概率等同于

$$P_r\{s_{t+1} = s', r_{t+1} = r \mid s_t, a_t, r_t, s_{t-1}, a_{t-1}, \cdots, r_1, s_0, a_0\}$$
$$P_r\{s_{t+1} = s', r_{t+1} = r \mid s_t, a_t\}$$

而根据 Reward 的反馈做出的决策过程也是马尔科夫决策过程（Markov Decision Processes，MDP）。

11.2.2　奖励

奖励是由环境给出，根据每次执行动作的不同获得的奖励不同，而我们定义期望反馈奖励（Expected Return）为 R_t：

$$R_t = r_{t+1} + r_{t+2} + r_{t+3} + \cdots + r_T \tag{11-1}$$

但是由于越往后决策过程中对该 t 时刻下的影响越小，因此，重新定义一个带有削减比例（Discount Rate）的过程：

$$R_t = r_{t+1} + \gamma r_{t+2} + \gamma^2 r_{t+3} + \cdots + r_T \tag{11-2}$$

11.2.3　估价函数

估价函数的确定是根据如图 11-3 所示的简化决策过程提炼而出的。

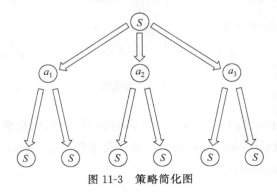

图 11-3　策略简化图

每一个状态 S 可以执行动作（Action）a_1, a_2, a_3，执行每一个动作后产生 S 的概率是 $P_{ss'}^a$，计算 Value 的公式如下：

$$V^\pi(s) = \sum_a \pi(s, a) \sum_{s'} P_{ss'}^a \left[R_{ss'}^a + \gamma V^\pi(s') \right] \tag{11-3}$$

11.2.4　动态规划

动态规划（Dynamic Programming, DP）是强化学习的一个重要的进步，动态规划是将所有的未来的动态过程全部模拟出来，在所有的状态和动作已知的前提下根据最后得到的奖励去返回（Back-up）以往所有状态的 Value 值，其效果图如图 11-4 所示。

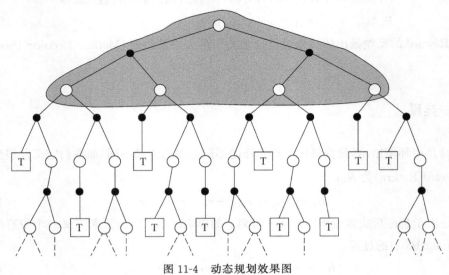

图 11-4　动态规划效果图

因此,动态规划的效果是可以不断地迭代到最优的效果,但是付出的代价就是必须对所有的状态和所有的动作进行建模,对于难以建模以及状态和动作很多的过程无法实现,因此出现了另一种方式——蒙特卡洛方法(Monte Carlo Methods)。

11.2.5 蒙特卡洛方法

通常蒙特卡洛方法可以粗略地分成两类:一类是所求解的问题本身具有内在的随机性,借助计算机的运算能力可以直接模拟这种随机的过程。例如在核物理研究中,分析中子在反应堆中的传输过程。中子与原子核作用受到量子力学规律的制约,人们只能知道它们相互作用发生的概率,却无法准确获得中子与原子核作用时的位置以及裂变产生的新中子的行进速率和方向。科学家依据其概率进行随机抽样得到裂变位置、速度和方向,这样模拟大量中子的行为后,经过统计就能获得中子传输的范围,作为反应堆设计的依据。

另一种类型是所求解问题可以转化为某种随机分布的特征数,比如随机事件出现的概率,或者随机变量的期望值。通过随机抽样的方法,以随机事件出现的频率估计其概率,或者以抽样的数字特征估算随机变量的数字特征,并将其作为问题的解。这种方法多用于求解复杂的多维积分问题。假设要计算一个不规则图形的面积,那么图形的不规则程度和分析性计算(比如,积分)的复杂程度是成正比的。蒙特卡洛方法基于这样的思想:假想你有一袋豆子,把豆子均匀地朝这个图形上撒,然后数这个图形之中有多少颗豆子,这个豆子的数目就是图形的面积。当你的豆子越小,撒的越多的时候,结果就越精确。借助计算机程序可以生成大量均匀分布的坐标点,然后统计出图形内的点数,通过它们占总点数的比例和坐标点生成范围的面积就可以求出图形面积。

而将蒙特卡洛方法应用在强化学习中时,我们使用的采样方法为重采样方法。这是一种基于采样和实例对模型进行估计的方法,并非对所有的过程进行建模,而只是对采样最大化建立的 Value 值进行 Greed 或者其他的方式进行采样,并且存在 on-policy 和 off-policy 方法,其中区别不再赘述。蒙特卡洛策略效果图如图 11-5 所示。

其 Value 状态的更新公式如下:

$$V(s_t) \leftarrow E_\pi \{r_{t+1} + \gamma V(s_{t+1})\} \tag{11-4}$$

11.2.6 时序差分学习

TD 算法是 MC 和 DP 的融合,与 MC 相似的是它可以直接从原始经验学起,完全不需要外部环境的动力学信息。根据不同的更新公式,可以得到不同的 TD 学习算法,其中最简单的 TD 算法是 TD(0)算法,其修正公式如下:

$$V(s_t) \leftarrow V(s_t) + \alpha[r_{t+1} + \gamma V(s_{t+1}) - V(s_t)] \tag{11-5}$$

式中,α 称为学习率(或学习步长),γ 为折扣率。实际上在这里,TD 的目标是 $r_{t+1} + \gamma V(s_{t+1})$,$V(s_t)$ 的更新是在 $V(s_{t+1})$ 的基础上,就像动态规划对某一状态值函数进行计算时依赖于其后续状态的值函数一样,可以说是一种步步为营的方法。

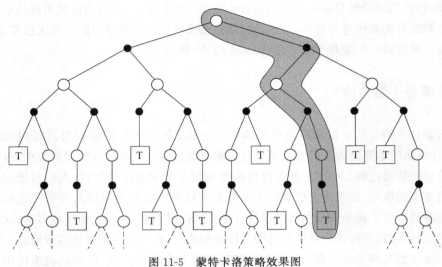

图 11-5　蒙特卡洛策略效果图

在 TD(0)策略赋值中，类似于 MC 利用样本回报值作为目标值，只不过 TD(0) 不需要等到一个片段结束才对值函数进行更新，它在下一时刻点就可以利用下一状态的值函数与即时报酬之和 $r_{t+1} + \gamma V(s_{t+1})$ 作为目标值进行更新。TD 算法中最简单的 TD(0) 算法的回溯图如图 11-6 所示。

图 11-6　TD(0)算法回溯图

TD(0)算法如图 11-7 所示。

Initialize $V(s)$ arbitrarily, π to the policy to be evaluated
Repeat (for each episode):
Initialize s
Repeat (for each step of episode):
   $a \leftarrow$ action given by π for s
   Take action a; observe reward r, and next state s'
   $V(s) \leftarrow V(s) + \alpha[r + \gamma V(s') - V(s)]$
   $s \leftarrow s'$
until s is terminal

图 11-7　TD(0)算法

11.2.7 Q-Learning

Q-Learning 是由 Watkins 提出的一种与模型无关的强化学习算法,主要求解马尔科夫决策过程 MDP 环境模型下的学习问题。Watkins 于 1989 年提出并证明收敛性之后,该算法受到普遍关注。

单步 Q-Learning 是简单地从动态规划理论发展而来的,是一种延迟学习的方法。在 Q-Learning 中,策略和值函数用一张由状态-动作对索引的二维查询表来表示。对于每个状态 x 和动作 a 存在如下公式:

$$Q^*(x,a) = R(x,a) + \gamma \sum_y P_{xy}(a) V^*(y) \tag{11-6}$$

其中,$R(x,a) = E\{r_0 \mid x_0 = x, a_0 = a\}$,$P_{xy}(a)$ 是对状态 x 执行动作 a 导致状态转移到 y 的概率。式(11-6)符合下面的等式:$V^*(x) = \max_a Q^*(x,a)$。

Q-Learning 算法维护 Q^* 函数的估计值(用 $\hat{Q}^*$ 表示),它根据执行的动作和获得的奖励值来调整 $\hat{Q}^*$ 值(经常简单地叫作 Q 值)。$\hat{Q}^*$ 值的更新根据 Sutton 的预测偏差或 TD 误差——即时奖励时加上下一个状态的折扣值与当前状态-动作对的 Q 值的偏差:

$$r + \gamma \hat{V}^*(y) - \hat{Q}^*(x,a) \tag{11-7}$$

其中,r 是即时奖励值,y 是在状态 x 执行动作 a 迁移到的下一个状态,$\hat{V}^*(x) = \max_a \hat{Q}^*(x,a)$。 所以,$\hat{Q}^*$ 值根据下面的等式来更新:

$$\hat{Q}^*(x,a) = (1-\alpha)\hat{Q}^*(x,a) + \alpha(r + \gamma \hat{V}^*(y)) \tag{11-8}$$

其中,$\alpha \in (0,1]$ 是控制学习率的参数,指明了要给相应的更新部分多少信任度。

Q-Learning 算法使用 TD(0) 作为期望返回值的估计因子。注意到 Q^* 函数的当前估计值由 $\pi(x) = \arg\max_a \hat{Q}^*(x,a)$ 定义了一个贪婪策略,也就是说,贪婪策略根据最大的估计 Q 值来选择动作。

然而,一阶 Q-Learning 算法并没有明确指出在每个状态更新它的估计值时 Agent 应该执行什么样的动作。事实上,所有动作都有可能被 Agent 执行。这意味着在维护状态的当前最好的估计值时,Q-Learning 允许采取任意的实验。更近一步,自从根据状态表面上最优的选择更新了函数之后,跟随那个状态的动作就不重要了。从这个角度来讲,Q-Learning 算法不是实验敏感的。

为了最终发现最优的 Q 函数,Agent 必须把每个状态的所有可采取的动作试验很多次。实验表明,如果式(11-8)任意的顺序被重复应用于所有的状态-动作对,使得每个状态-动作对的 Q 值更新次数达到无穷大,那么 $\hat{Q}^*$ 将会收敛于 Q^*,$\hat{V}^*$ 将会收敛于 V^*,只要 α 以合适的速率降到 0,收敛的概率就是 1。Q-Learning 的回溯图如图 11-8 所示。

一个典型的单步 Q-Learning 算法如图 11-9 所示。

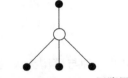

图 11-8　Q-Learning 回溯图

Initialize $Q(s,a)$ arbitrarily

Repeat (for each episode):

　　Initialize s

　　Repeat (for each step of episode):

　　　　Choose a from s using policy derived from Q (e.g., ε-greedy)

　　　　Take action a, observe r,s'

　　　　$Q(s,a) \leftarrow Q(s,a) + \alpha[r + \gamma \max_{a'} Q(s',a') - Q(s,a)]$

　　　　$s \leftarrow s'$

　　　Until s is terminal

图 11-9　单步 Q-Learning 算法

11.2.8　Q-Learning 算法的改进

　　Q-Learning 的目标是学习在动态环境下如何根据外部评价信号来选择较优动作或者最优动作,本质是一个动态决策的学习过程。当 Agent 对环境的知识一点儿也不了解时,它必须通过反复试验的方法来学习,算法的效率不高。有时在未知环境中的学习也会冒一定的风险,减少这种风险的一种方法就是利用环境模型。而环境模型可以利用以前执行相关的任务时获得的经验建立,利用环境模型,可以便于动作的选择,而不冒被伤害的危险。

　　环境模型是从状态和动作 (s_t,a) 到下一状态及强化值 (s_{t+1},r) 的函数。模型的建立有以下两种方法:一是在学习的初始阶段,Agent 利用提供的数据来离线地建立模型;二是 Agent 在与环境交互过程中在线地建立或完善环境模型。

　　基于经验知识的 Q-Learning 算法是在标准的 Q-Learning 算法中加入具有经验知识的函数 $E: S \times A \rightarrow R$,此函数影响学习过程中 Agent 动作选择,从而加速算法收敛速度。

　　经验(Experience)用一个四元组来表示 $\{s_t,a_t,s_{t+1},r_t\}$,它表示在状态 s_t 时执行一个动作 a_t,产生一个新的状态 s_{t+1},同时得到一个强化信号 r_t。

　　改进算法中的经验函数 $E(s,a)$ 中记录状态 s 下有关执行动作 a 的相关的经验信息。在算法中加入经验函数的最重要问题是如何在学习的初始阶段获得经验知识,即如何定义经验函数 $E(s,a)$。这主要取决于算法应用的具体领域。例如,在 Agent 路径寻优环境中,当 Agent 与墙壁发生碰撞时,就可获取到相应的经验知识。即 Agent 在与环境交互过程中在线地获得关于环境模型的经验知识。

基于经验知识的 Q-Learning 算法将经验函数主要应用在 Agent 行动选择规则中,动作选择规则如下式:

$$\pi(s_t) = \operatorname{argmax}_{a_t}[\hat{Q}(s_t, a_t) + \varepsilon E_t(s_t, a_t)]$$

其中,ε 为一常数,代表经验函数的权重。

基于经验知识的 Q-Learning 算法如图 11-10 所示,与标准的 Q-Learning 算法比较,可以发现该算法仅在动作选择的策略上有所不同。

Initialize $Q(s, a)$.
Repeat:
    Visit the s state.
    Select an action a using the action choice rule

$$\pi(s_t) = \arg\max_{a_t}[\hat{Q}(s_t, a_t) + \dot{\varepsilon}E_t(s_t, a_t)]$$

    Receive r(s, a) and observe the next state s'
    Update the values of Q(s, a) according to:

$$Q(s, a) \leftarrow Q(s, a) + \alpha[r + \gamma \max Q_{a'}(s', a') - Q(s, a)]$$

    Update the s to s' state.
Until some stop criteria is reached.
Where: $s = s_t, s' = s_{t+1}, a = a_t, d = a_{t+1}$

图 11-10　基于经验知识的 Q-Learning 算法

以上首先介绍了几种主流的强化学习的方式,当然后来又有所改进,但是主流的仍旧还是这几种方式;然后介绍了强化学习的基本原理、结构和特点,以及大多数经典强化学习算法所依赖的马尔科夫决策过程(MDP)模型;最后介绍了强化学习系统的主要组成元素:Agent、环境模型、策略、奖赏函数、值函数。

当环境的当前状态向下一状态转移的概率和奖励值只取决于当前的状态和选择的动作,而与历史状态和历史动作无关时,环境就拥有马尔科夫属性,满足马尔科夫属性的强化学习任务就是马尔科夫决策过程。

强化学习的主要算法有 DP、MC、TD、Q-Learning、Q(λ)-Learning、Sarsa。如果在学习过程中 Agent 无须学习马尔科夫决策模型知识(即 T 函数和 R 函数),而直接学习最优策略,将这类方法称为模型无关法;而在学习过程中先学习模型知识,然后根据模型知识推导优化策略的方法,称为基于模型法。常见的强化学习算法中 DP 和 Sarsa 是基于模型的,MC、TD、Q-Learning、Q(λ)-Learning 都属于典型的模型无关法。

最近几年又出现了关于多机器学习的强化学习,因此强化学习虽然发展较早,但是仍有很大的发展前景。

11.3　程　序　实　现

从 Sutton 的 *Reinforcement Learning* 一书中找出一个例子，通过 MATLAB 实现如下。

1. 问题描述

BlackJack 问题，即 21 点问题，下面简单介绍一下 21 点规则。

21 点一般用到 1～8 副牌。庄家给每个玩家发两张明牌，牌面朝上面；给自己发两张牌，一张牌面朝上（叫明牌），一张牌面朝下（叫暗牌）。大家手中扑克点数的计算是：K、Q、J 和 10 牌都算作 10 点。A 牌既可算 1 点也可算 11 点，由玩家自己决定。其余所有 2～9 牌均按其原面值计算。首先玩家开始要牌，如果玩家拿到的前两张牌是一张 A 和一张 10 点牌，就拥有黑杰克（BlackJack）；此时，如果庄家没有黑杰克，玩家就能赢得 2 倍的赌金（1 赔 2）。如果庄家的明牌有一张 A，则玩家可以考虑买不买保险，金额是赌筹的一半。如果庄家是 BlackJack，那么玩家拿回保险金并且直接获胜；如果庄家没有 BlackJack 则玩家输掉保险继续游戏。没有黑杰克的玩家可以继续拿牌，可以随意要多少张。目的是尽量往 21 点靠，靠得越近越好，最好就是 21 点了。在要牌的过程中，如果所有的牌加起来超过 21 点，玩家就输了——叫爆掉（Bust），游戏也就结束了。假如玩家没爆掉，又决定不再要牌了，这时庄家就把他的那张暗牌打开来。一般到 17 点或 17 点以上不再拿牌，但也有可能 15 或 16 点甚至 12 或 13 点就不再拿牌或者 18 或 19 点继续拿牌。假如庄家爆掉了，那他就输了。假如他没爆掉，那么就与他比点数大小，大为赢。一样的点数为平手，可以把赌注拿回来。

2. 程序实现

根据 21 点规则进行编程，使用强化学习的方式，编写 MATLAB 程序如下。

```
%BlackJack using Monte Carlo Policy
Current_sum=zeros(1,100)+12;
Dealer_show=0;
action=1;%0=stick 1=hit
Reward=0;
sum=10;
card=10;
i=1;
j=1;
Value_eval=zeros(sum,card);
```

```
Value_num=zeros(sum,card);
Valueval=0;
time=0;
for i=1:500000
    %go on action if the action flag=1
    while action==1
        time=time+1;
        j=j+1;
        %go out of the   dealtplayer
        dealtplayer=randsrc(1,1,1:13);
        if dealtplayer>=10
            dealtplayer=10;
        end
        %do because of the ace and judge the Current_sum
        if (dealtplayer==1)&&((11+Current_sum(j))>21)
            Current_sum(j+1)=Current_sum(j)+dealtplayer;
        else if (dealtplayer==1)&&((11+Current_sum(j))<=21)
                Current_sum(j+1)=Current_sum(j)+11;
            else
                Current_sum(j+1)=Current_sum(j)+dealtplayer;
            end
        end
        if Current_sum(j+1)==20
            action=0;
        else
            if Current_sum(j+1)==21
                action=0;
                Reward=1;
            else if Current_sum(j+1)>21
                    action=0;
                    Reward=-1;
                    Current_sum(j+1)=12;
                else
                    action=1;
                end
            end
        end
    end
    %do for the dealter
    dealtshow1=randsrc(1,1,1:13);
    if dealtshow1>=10
        dealtshow1=10;
    end
```

```
dealtshow2=randsrc(1,1,1:13);
if dealtshow2>=10
    dealtshow2=10;
end
if Reward~=-1

    if (dealtshow1==1) ‖ (dealtshow2==1)
        dealtshow2=11;
    end
    dealtershow=dealtshow1+dealtshow2;
    if dealtershow==Current_sum
        Reward=0;
    else if dealtershow>Current_sum
            Reward=-1;
        else
            Reward=1;
        end
    end
end
%ti sum of the Value
for j=1:100

Value_eval(Current_sum(j)-11,dealtshow1)=Value_eval(Current_sum(j)-11,
dealtshow1)+Reward;
    Value_num(Current_sum(j)-11,dealtshow1)=Value_num(Current_sum(j)-11,
dealtshow1)+1;
    end
    Reward=0;
    action=1;
    j=1;
    Current_sum=zeros(1,100)+12;
end
%aveage of the sum
Value_eval=Value_eval./Value_num;
```

3. 结果判读

一个 Dealer 和一个 Player 的动作（投注）可以绘制 10×9 的矩阵，根据判断得到每个状态的 Value，根据以上程序可以获得如图 11-11 所示的 Value 值。

本图与 Sutton 的 *Reinforcement Learning* 一书中的图基本一致，完成 BlackJack 的方法要求。

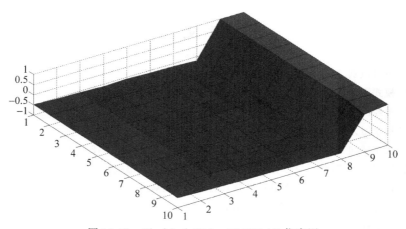

图 11-11 BlackJack Value MATLAB 仿真图

参 考 文 献

[1] 张学工. 模式识别[M]. 北京：清华大学出版社，2010.

[2] 边肇祺. 模式识别[M]. 北京：清华大学出版社，1988.

[3] 黄德双. 神经网络模式识别系统理论[M]. 北京：电子工业出版社，1996.

[4] 李航. 统计学习方法[M]. 北京：清华大学出版社，2012.

[5] 罗四维. 视觉感知系统信息处理理论[M]. 北京：电子工业出版社，2006.

[6] 瓦普尼克. 统计学习理论[M]. 张学工，译. 北京：电子工业出版社，2004.

[7] 米切尔. 机器学习[M]. 曾华军，译. 北京：机械工业出版社，2003.

[8] 郑南宁. 计算机视觉与模式识别[M]. 北京：国防工业出版社，1998.

[9] 维基百科：http://www.wikipedia.org/.

[10] Duda R O，Hart P E, Stork D G. Pattern Classification [M]. 2nd Edition. New York：John Wiley & Sons Inc.，2001.

[11] Richard S S，Andrew G B. Reinforcement Learning：An Introduction. Cambridge [M]. MA：MIT Press，1998.

[12] Tom M M. 机器学习[M]. 曾华军，张银奎，等译. 北京：机械工业出版社，2003.